VAJDA · THEORIE DER SPIELE

THEORIE DER SPIELE UND LINEARPROGRAMMIERUNG

VON

S. VAJDA

WALTER DE GRUYTER & CO.
vormals G. J. Göschen'sche Verlagshandlung
J. Guttentag, Verlagsbuchhandlung · Georg Reimer · Karl J. Trübner · Veit & Comp.
BERLIN 1962

Titel der englischen Originalausgabe: The Theory of Games and Linear Programming,
Methuen & Co. LTD., London. — John Wiley & Sons, INC., New York.
Deutsche Übersetzung: Dr. Hanno Kesting und Horst Rittel

Archiv-Nr. 13 46 62.
Satz und Druck: Walter de Gruyter & Co., Berlin W 30. — Printed in Germany.

Inhalt

I. Einführung in die Theorie der Spiele

1. Die ersten Ansätze der Spieltheorie im heutigen Sinne des Wortes finden sich in den Abhandlungen von Borel [5]*). Borel bereits stellte Vermutungen an über einen Spezialfall des später so genannten Hauptsatzes; er kam dabei indessen über Beweisversuche nicht hinaus. Im Jahre 1928 hielt John von Neumann einen Vortrag vor der Mathematischen Gesellschaft in Göttingen [22] und erbrachte einen Beweis dieses Satzes. Die Theorie wurde jedoch bis zum Erscheinen des monumentalen Werkes von John von Neumann und Oskar Morgenstern wenig beachtet [24]. Dieses Buch brachte nicht nur in mathematischer Hinsicht Weiterentwicklungen; der als führender Wirtschaftswissenschaftler anerkannte Mitautor bemerkte bald — was keineswegs überrascht —, daß eine Theorie der kompetitiven Spiele nicht nur die charakteristischen Merkmale des relativ friedfertigen wirtschaftlichen Wettbewerbs, sondern nicht weniger Kampf und Kriegsführung in neuer Beleuchtung erscheinen läßt. Seitdem werden praktische und theoretische Gesichtspunkte in enger Kopplung entwickelt, und heute gibt die Theorie der Spiele den Anstoß zu einer ausgedehnten Forschungstätigkeit, die selbst so abstrakte Bereiche wie Mengenlehre und Topologie miteinbezieht.

In diesem Buch werden lediglich ziemlich elementare Kenntnisse der Algebra und der linearen Analytischen Geometrie vorausgesetzt.

---

*) Die eckig eingeklammerten Zahlen verweisen auf das numerierte Literaturverzeichnis.

Die Theorie der Linearprogrammierung entstand im Zusammenhang mit wirtschaftswissenschaftlichen Fragestellungen. Sie hat sich jedoch den Rang einer eigenständigen Theorie erworben. Sie behandelt eine Klasse von Maximalisierungs- oder Minimalisierungsproblemen, die sich mit den Methoden der Infinitesimalrechnung nicht lösen lassen. Es ist wichtig, daß sich spieltheoretische Probleme als Sonderfälle von Linearprogrammierungsaufgaben betrachten lassen.

Bei der Anwendung beider Theorien ist der erforderliche Rechenaufwand so beträchtlich, daß er zu Lebzeiten der an der Lösung Interessierten unmöglich zu bewältigen wäre. Deshalb galt ein erheblicher Teil der Forschung der Entwicklung von Rechenverfahren. Erst seit es automatische Rechenanlagen gibt, kann man auf Lösungen innerhalb einer vernünftigen Zeit hoffen. Dieses Buch wird sich ziemlich gründlich mit der Rechentechnik beschäftigen, ohne dabei auf die speziellen Probleme des automatischen Rechnens eingehen zu können. Geometrische Darstellungen werden benutzt, wo sie Lesern mit besonderer Vorliebe für solche Darstellungen das Verständnis erleichtern. Wer einer formalen Darstellung den Vorzug gibt, wird jedoch finden, daß das Vorgehen dennoch streng ist.

2. Zur Einführung der von uns zu behandelnden Probleme wählen wir ein einfaches, aber charakteristisches Beispiel, das Pfennigwerfen („matching-pennies“). Es hat folgende Regeln: Jeder der beiden Spieler, A und B, legt verdeckt einen Pfennig auf den Tisch, Kopf oder Adler nach oben. Dann wird aufgedeckt. Zeigen beide Münzen die gleiche Seite, gehen sie an A, im anderen Falle an B.

Anhand dieses — vielleicht nicht besonders aufregenden — Spieles wollen wir eine Sprechweise einführen, die sich in der Literatur eingebürgert hat. Da wir es mit zwei Spielern zu tun haben, sprechen wir von einem Zweipersonen-Spiel. Was der eine Spieler verliert, gewinnt der andere; anders ausgedrückt: die Summe der Gewinne und Verluste ist gleich null. Daher die schwerfällige, indessen allgemein übliche Bezeichnung *Nullsummen-Spiel.* In unserem Zusammenhang besteht ein Spiel aus einem Satz von Regeln, die festlegen, was die Spieler tun dürfen, damit wer wann was gewinnt, je nach dem Verhalten der Spieler. Ein Spiel besteht aus *Zügen.* In unserem Beispiel hat jeder Spieler nur einen Zug. Jedes durchgeführte Spiel heißt *Partie.*

Das Hauptmerkmal der in dieser Theorie betrachteten Spiele besteht darin, daß der Gewinn oder der Verlust jedes Spielers nicht nur von seinem eigenen Tun und Lassen, sondern auch vom Tun und Lassen seines Gegenspielers abhängt. Es liegt auf der Hand, daß zahlreiche ökonomische Phänomene — z. B. eine Auktion oder die Börse — die gleiche Eigenschaft besitzen. Das gleiche gilt, wie schon bemerkt, nicht weniger für Probleme der Kriegsführung.

Ein Spieltyp, angeregt durch formalisierte Kriegssituationen, sind die sogenannten Blotto-Spiele. Das folgende ist ein besonders einfaches Beispiel für diesen Spieltyp; es stammt aus [26]: General A hat das Kommando über vier, Oberst B(lotto) über fünf Truppeneinheiten. Der General kann eine bestimmte Stadt auf zwei verschiedenen Wegen erreichen; er kann seine Einheiten auf beide Straßen verteilen oder auf einer der beiden konzentrieren. Auch der Oberst kann seine Einheiten beliebig zur Verteidigung der Straßen einsetzen. A gewinnt, wenn er auf einer der beiden Straßen mehr Einheiten zur Verfügung hat als Blotto. Natürlich gibt es eine Menge komplizierterer Fälle dieses Spieltyps; wir verweisen den Leser auf [20], [3] und das sehr amüsante Buch [28].

Wir bringen einige weitere Beispiele von Spielen und erörtern ihre formalen Eigenschaften.

Bei Spielen, die aus mehr als nur einem Zugwechsel bestehen, kann man annehmen, daß jeder Spieler über den nächsten Zug an Hand der jeweiligen Situation entscheidet.

Oft ist es jedoch zweckmäßig, von einer anderen Voraussetzung auszugehen, nämlich davon, daß die Spieler von vornherein festlegen, was sie unter allen möglichen sich ergebenden Umständen tun werden. Ein Katalog solcher Entscheidungen für alle denkbaren Situationen heißt *Strategie*. In Spielen mit nur einem Zug ist die Strategie identisch mit diesem Zug.

Zur Erläuterung betrachten wir ein sehr einfaches Spiel, in dem „geblufft" werden kann*). Ein Spieler „blufft", wenn er mit einem schwachen Blatt in der Hand hohe Einsätze riskiert. Er will seinen Partner glauben machen, er habe gute Karten, um ihn auf diese Weise von einer erfolgreichen Politik abzubringen. Dies ist keine technische Definition des Bluffs, die sehr viel komplizierter wäre; was jedoch gemeint ist, wird der Leser verstehen, wenn er an so verbreitete Spiele wie Poker oder Bridge denkt.

Nehmen wir folgendes Spiel: A zieht von zwei möglichen Karten mit gleicher Wahrscheinlichkeit entweder die „höhere" oder die „niedrige". Hat er die hohe Karte gezogen, muß er 2 DM setzen. Hat er die niedrige Karte gezogen, kann er entweder 1 DM an B zahlen und die Partie ist zu Ende, oder er kann 2 DM setzen. B kann – muß aber nicht — gegensetzen. Tut er das nicht, zahlt er 1 DM an A — und das Spiel ist zu Ende. Setzt er jedoch dagegen, gewinnt er 2 DM, wenn A die niedrige Karte hatte; dagegen verliert er 2 DM, wenn A die hohe Karte hatte.

Dieses Spiel zeigt darüber hinaus, was unter einem Zufallszug zu verstehen ist, nämlich ein Zug, dessen Ergebnis von Zufall abhängt. Hier besteht dieser Zug im Ziehen der ersten Karte durch A. Wir wollen jetzt die Strategien für dieses Spiel entwickeln und ihre Wirksamkeit untersuchen.

---

*) Hier handelt es sich um eine vereinfachte Form des Spieles, das aus [27], p. 96, entnommen ist. Ein komplizierteres Spiel befindet sich in [12a].

Die Strategien von A:

Hat A die hohe Karte gezogen, muß er setzen. Hat er die niedrige gezogen, kann er entweder 1 DM zahlen (Strategie A_1) oder 2 DM setzen und somit bluffen (Strategie A_2).

Die Strategien von B:

Wenn A paßt und zahlt, kann B nur die 1 DM entgegennehmen. Setzt A jedoch, dann kann B entweder dagegen setzen (Strategie B_1) oder seinerseits passen (Strategie B_2).

Die Spielergebnisse lassen sich folgendermaßen berechnen:

(A_1, B_1): Wenn die Karte niedrig war, zahlt A 1 DM. Bei hoher Karte setzt A 2 DM und gewinnt 2 DM, da B gesetzt hat. Die Wahrscheinlichkeit für beide Möglichkeiten ist gleich $1/2$. Infolgedessen bringt diese Strategienkombination für A pro Partie durchschnittlich 0,50 DM.

(A_1, B_2): Bei niedriger Karte zahlt A 1 DM. Bei hoher Karte hingegen setzt A 2 DM und B zahlt 1 DM. Im Durchschnitt ergibt sich also die Auszahlung 0.

(A_2, B_1): Bei niedriger Karte setzt A 2 DM und verliert sie, denn B setzt dagegen. Bei hoher Karte gewinnt A 2 DM, da B dagegen setzt. Der durchschnittliche Gewinn ist wiederum 0.

(A_2, B_2): Bei niedriger Karte setzt A 2 DM und B zahlt 1 DM und paßt. Bei hoher Karte setzt A 2 DM und B zahlt 1 DM. Folglich gewinnt A in jedem Falle 1 DM pro Partie.

Die Reduktion einer Spielstruktur auf Strategien nennt man *Normierung*. Es gibt eine ausgearbeitete Theorie der Spiele in ihrer *extensiven* Form; sie beschäftigt sich mit der Aufeinanderfolge der Züge und insbesondere mit der Verteilung der Information, also mit der Frage, was jeder Spieler über seine eigenen und seines Gegners früheren Züge weiß. Auf diese Theorie können wir hier nicht eingehen, wir verweisen den Leser auf [24] und [20].

Nicht alle Spiele sind Nullsummen-Spiele. Bei vielen Käufen z. B. kann man davon ausgehen, daß der Wert, den der

Käufer den erworbenen Gütern beimißt, größer ist als der zu zahlende Preis, wohingegen der Preis mindestens dem Wert entspricht, den die Ware für den Verkäufer besitzt. In gleicher Weise kann der Verlust eines bestimmten Schiffes für den Fortgang eines Krieges mehr bedeuten, als der Gegner annimmt. Formal jedoch kann man sich ein *Nicht-Null-summen-Spiel* zwischen zwei Spielern vorstellen als ein Null-summen-Spiel zwischen drei Personen. Man führt die Hypothese ein, daß ein dritter Spieler, der keinen Einfluß auf den Fortgang des Spiels hat, Ausgleichszahlungen leistet oder entgegennimmt, damit sich ein Gleichgewicht zwischen den Gewinnen und Verlusten einstellt. Hierin besteht der einzige Zweck des dritten Spielers.

In der Verallgemeinerung dieses Ansatzes kommt man zu Spielen, an denen n Personen beteiligt sind — zu sogenannten *n-Personen-Spielen.*

Sie können ihrerseits wiederum Null-Summen-Spiele sein oder Nicht-Null-Summen-Spiele, je nachdem ob sich alle Zahlungen am Ende jeder Partie ausgleichen oder nicht. Beim gegenwärtigen Stand der Dinge werden die Ergebnisse der Theorie spärlicher mit fortschreitender Verallgemeinerung. In diesem Buch werden wir uns daher ausschließlich mit Zwei-Personen-Spielen beschäftigen, und nur am Rande sei vermerkt, daß es zwei Typen von n-Personen-Spielen gibt — die sogenannten *kooperativen* und die sogenannten *nicht-kooperativen.* Die ersten werden in [24] behandelt; ihr Hauptkennzeichen ist die Möglichkeit der Spieler, *Koalitionen* zu bilden, indem sie vor dem Spiel ihre Strategien aufeinander abstimmen. Man hat versucht — bislang ohne vollen Erfolg —, derartige Absprachen als einen Teil des Spiels selbst zu betrachten und dementsprechend alle dem Spiel vorausgehenden Arrangements durch die Regeln auszuschließen. Spiele, in denen jeder Spieler ausschließlich auf sich selbst gestellt ist, heißen nicht-kooperativ

[21]. Zwei-Personen-Spiele gehören immer zu dieser Kategorie.

3. Wir müssen jetzt mit Nachdruck darauf hinweisen, daß die Spieltheorie die Frage nach einem optimalen Vorgehen der Spieler mit einer wohldefinierten „Philosophie" beantwortet. Man kann das anerkennen oder nicht. Für den Mathematiker jedenfalls besitzt diese „Philosophie" eine gewisse Anziehungskraft, weil sie zu mathematisch interessanten Ergebnissen führt. Ihr spezifischer Ansatz soll im folgenden Schritt für Schritt entwickelt werden; er ist jedenfalls nicht der eines Glücksspielers, der spielt, um seine Nerven zu kitzeln. Unser Spieler analysiert die Situation nüchtern und rational.

Betrachten wir jetzt ein etwas komplizierteres Spiel als die oben beschriebene Pfennigwette. Das Spiel ist durch folgende Regeln definiert:

A und B wählen unabhängig voneinander einen der drei Werte -1, 0 oder $+1$. Der von A gewählte Wert werde mit s bezeichnet, der von B gewählte mit t. Der von B an A zu entrichtende Betrag sei dann:

$$s(t-s)+t(t+s)$$

Welche Wahl A immer trifft, er kann sich nicht eines bestimmten Gewinns sicher sein, da sein Gewinn nicht unabhängig ist von der Zugwahl von B. Um einen Überblick über alle Möglichkeiten zu erhalten, stellen wir die möglichen Spielergebnisse für alle Zugkombinationen in einer sogenannten *Auszahlungsmatrix* zusammen:

		B wählt $t =$		
		-1	0	1
A wählt $s =$	-1	2	-1	-2
	0	1	0	1
	1	-2	-1	2

Diese Matrix verzeichnet die Beträge, die A gewinnt und die B infolgedessen verliert. Und zwar entspricht jedem Element der Matrix eine Zugkombination. Wir schreiben jeweils, auch im folgenden, die Matrix nur für den Spieler A auf.

Wir nennen A den *ersten* oder *maximalisierenden*, B den *zweiten* oder *minimalisierenden* Spieler. Denn der Zweite wird versuchen, den gemäß der Matrix zu entrichtenden Betrag so klein wie möglich zu halten; wenn nämlich ein Element der Matrix negativ ist, verliert A und gewinnt B den absoluten Betrag des Matrixelementes. Durch diese Verabredung ist ein Spiel durch seine Auszahlungsmatrix definiert.

Man sieht auf den ersten Blick, *wie* der Gewinn von A von der Zugwahl des B abhängt. Sofern nicht gemogelt wird, weiß selbstverständlich keiner der Spieler, was der andere tut. Die Spieltheorie nimmt an, daß beide Parteien folgende Überlegungen anstellen:

Bei jeder Wahl eines Zuges habe ich zu befürchten, daß mein Gegner eine Entscheidung trifft, die meinen Gewinn — oder meinen Durchschnittsgewinn, für den Fall, daß es Zufallszüge gibt — so klein macht, wie unter den gegebenen Umständen möglich. Wenn ich also den Zug wähle, der diesen kleinsten Gewinn so groß macht wie nur möglich, dann gehe ich so sicher, wie ich es vernünftigerweise tun kann.

Kalkulieren beide in dieser Weise vorsichtig — oder wenn man will: defaitistisch —, so zeigt das vorliegende Spiel folgende Ergebnisse:

Wenn A $s = -1, 0$ oder $+1$ wählt, gewinnt er wenigstens -2, 0 oder -2. Er wird deswegen $s = 0$ wählen, denn dieser Zug sichert ihm den höchsten Minimalgewinn. B wird ähnliche Überlegungen anstellen und sich daher für den Zug $t = 0$ entscheiden. Der tatsächliche Gewinn beider Spieler ist dann gleich null. Dieser Typus von Überlegungen ist für unsere Theorie grundlegend. Daher unsere nächste Frage:

was hätten A und B zu tun, wenn sie über die Entscheidungen ihrer Partner informiert wären — oder wenn sie vielmehr die obigen Überlegungen und ein entsprechendes Verhalten beim Gegner voraussetzen müßten.

Wenn A annimmt, daß B auf Grund der eben angeführten Überlegungen oder aus irgendeinem anderen Grund den Zug $t = 0$ gewählt hat, dann wird er seinerseits $s = 0$ ziehen, denn dieser Zug sichert ihm den größten Wert in der zweiten Spalte, die B's Wahl $t = 0$ entspricht. Folglich wird er genau das tun, wozu er sich schon aufgrund der obigen Überlegungen entschlossen hat. Ähnlich wird auch die Entscheidung von B nicht beeinflußt, wenn er im voraus weiß, daß A $s = 0$ gewählt hat, wie sich aus der Tafel ergibt. Wir sehen, daß die Überlegungen „zweiter Ordnung", d. h. die Annahme, der Gegner handle in Übereinstimmung mit der spieltheoretischen „Philosophie", keinen der beiden Spieler veranlaßt, seine Entscheidung „erster Ordnung", die er auf der Basis dieser Philosophie getroffen hat, zu revidieren.

Dieses Kennzeichen des eben betrachteten Spielers beruht darauf, daß es in der Auszahlungsmatrix ein Element gibt, das das kleinste in seiner Zeile und zugleich das größte in seiner Spalte ist. Ein Matrixelement mit diesen Eigenschaften wird nach einer naheliegenden geometrischen Analogie als *Sattelpunkt* bezeichnet.

Wir übernehmen diese Bezeichnung. Sie hat sich allgemein durchgesetzt, obgleich sie nicht ganz zutreffend ist, denn zwischen Matrixelementen besteht keine Stetigkeit. Aber wir wollen die von von Neumann und Morgenstern benutzte Bezeichnung „specially strictly determined game" ([24], p. 150) vermeiden; sie meint das gleiche wie „Spiel mit Sattelpunkt".

Natürlich hat nicht jedes Zweipersonen-Nullsummenspiel einen Sattelpunkt. Die Pfennigwette ist ein triviales Beispiel dafür. Ein weiteres Beispiel:

Beide Spieler wählen unabhängig voneinander eine der Zahlen 1, 2 oder 3. Wenn beide die gleiche Zahl wählen, hat A an B den Betrag der gewählten Zahl zu entrichten. Sonst muß B an A den Betrag der von A gewählten Zahl abgeben. Dieses „Ausweichspiel" (eluding game) wird durch folgende Auszahlungsmatrix beschrieben

		B		
		1	2	3
	1	−1	1	1
A	2	2	−2	2
	3	3	3	−3

Das Minimum der Spaltenmaxima beträgt 2 und ist somit verschieden von dem Maximum der Zeilenminima, das gleich −1 ist. Das bedeutet – wie auf der Hand liegt, aber in Kapitel III streng bewiesen werden soll –, daß diese Matrix keinen Sattelpunkt enthält.

Wir müssen eine Methode zur „Lösung" solcher Spiele finden, uns dabei aber zunächst einmal darüber einigen, was unter einer „Lösung" verstanden werden soll.

In einem so einfachen Beispiel wie der „Pfennigwette" sieht man sofort, was man zu tun hat. Wenn nur eine Partie gespielt wird, ist kein Zug besser als der andere. Werden hingegen mehrere Partien gespielt, wird es sicherlich unangebracht sein, eine Vorliebe für Kopf oder für Zahl zu entwickeln, da der Gegner daraus leicht Nutzen ziehen kann. Deshalb sollte man auf lange Sicht Kopf oder Zahl mit gleicher Häufigkeit wählen, und zwar so, daß es dem Gegner nicht möglich ist, den nächsten Zug zu erraten. Durch Werfen der Münze z. B. kann man erreichen, daß die Zugwahl dem Zufall übertragen wird und die Gleichhäufigkeit der Züge auf lange Sicht gewährleistet ist.

Diese Überlegung stimmt für beide Spieler, und wir setzen voraus, daß beide entsprechend handeln. Dann wird, bei hinreichend vielen Partien, jeder in der Hälfte der Fälle gewinnen und in der Hälfte verlieren; im Mittel gewinnt also jeder den Betrag 0. Durchdenken wir diesen Fall auf ähnliche Weise wie die Spiele mit Sattelpunkt. Wir nehmen an, daß A weiß oder zu wissen glaubt, B werde beide Strategien mit gleicher Häufigkeit benutzen. Dann hat A keinen Grund, seinen Entschluß erster Ordnung abzuändern, seinerseits beide Strategien mit gleicher Häufigkeit zu verfolgen. Tatsächlich könnte er jetzt irgendeine beliebige Häufigkeitsverteilung festlegen, ohne die durchschnittliche Auszahlung dadurch zu beeinflussen. Es ist indessen für A nicht ratsam, von seinem Strategie-Entschluß erster Ordnung abzuweichen, denn dafür könnte er bestraft werden. Dasselbe gilt für B.

Die gleiche Stabilität, die wir zunächst an Spielen mit Sattelpunkt kennengelernt haben, gibt es also auch in anderen Spielen — vorausgesetzt, daß man Kombinationen von Strategien gemäß einer gegebenen Häufigkeitsverteilung zuläßt. Eine solche Kombination heißt *gemischte Strategie*; einzelne, nicht kombinierte Strategien, wie sie als Berandung der Auszahlungsmatrix auftreten, werden *reine Strategien* genannt. Sie sind natürlich ein Spezialfall von gemischten Strategien, insofern nämlich die relativen Häufigkeiten aller reinen Strategien — mit einer Ausnahme — gleich null sind; diese Ausnahme hat die Häufigkeit 1 und wird ausschließlich benutzt. Sofern nichts anderes ausdrücklich festgestellt wird, verstehen wir unter Strategien immer gemischte Strategien.

Ein Strategienpaar, das zu der beschriebenen Stabilität führt, heißt *Lösung* (eine strenge Definition findet sich in Kapitel III.3). Eine Strategie, die zu einer solchen Lösung führt, heißt *optimal.*

Um diese Begriffe an einem anderen Spiel zu erläutern, greifen wir zurück auf das oben beschriebene Spiel mit Bluff.

Es hat folgende Auszahlungsmatrix:

		B	
		B_1	B_2
A	A_1	$^1/_2$	0
	A_2	0	1

Die Lösung dieses Spieles besteht für A darin, die erste reine Strategie doppelt so oft zu benutzen wie die zweite; für B gilt das gleiche. Wir wählen dafür die Schreibweise $(^2/_3, ^1/_3)$, wobei die Brüche die relativen Häufigkeiten der reinen Strategien sowohl für A wie B angeben. Dieses ist tatsächlich eine Lösung, da kein Spieler etwas Besseres tun kann, wenn der andere sich an seine Strategie hält. Er könnte nur weniger gewinnen oder mehr verlieren als $^1/_3$ (soviel gewinnt nämlich A pro Partie bei Befolgung der Optimalstrategie), wenn er von der optimalen Lösung abwiche und der Gegner daraus Nutzen zöge. Übrigens ist der Bluff, der in der Wahl der zweiten reinen Strategie von A liegt, tatsächlich zu einem Drittel an der Optimalstrategie beteiligt.

Ein Spiel kann mehr als eine Lösung haben. So hat z. B. das Spiel mit der Auszahlungsmatrix

$$\begin{array}{c} \text{B} \\ \text{A} \begin{pmatrix} 1 & 2 & 4 \\ 4 & 2 & 1 \end{pmatrix} \end{array}$$

die Lösung $(^1/_3, ^2/_3)$ für A und (0, 1, 0) für B, gleichzeitig aber die Lösung $(^2/_3, ^1/_3)$ für A und für B wiederum (0, 1, 0). Es zeigt sich, daß die Strategien $^1/_3\, t + ^2/_3\, (1 - t)$, $^2/_3\, t + ^1/_3\, (1 - t)$ für A und (0, 1, 0) für B ebenfalls Lösungen für jeden Wert von t zwischen 0 und 1 darstellen. Man kann jedoch schwerlich ohne jede Einschränkung von einer Optimalstrategie sprechen, wenn die Lösung eine besondere Optimalstrategie des Gegners zur Voraussetzung hat. Wenn aber s_A und s_B Strategien für A und B darstellen, die zu einer Lösung führen, und wenn das auch gilt für das Strategiepaar (t_A, t_B), dann sind, das werden wir in III.3 beweisen, auch die Strategienpaare (s_A, t_B) und (t_A, s_B) Lösungen. Alle diese Paare führen zur gleichen mittleren Auszahlung. Die Auszahlung, die sich aus einer Lösung ergibt, heißt *Wert* des Spieles.

Wir wissen, nicht jedes Spiel besitzt einen Sattelpunkt. Es ist jedoch eine Grundtatsache der Spieltheorie, daß jedes Zweipersonen-Nullsummenspiel mit einer endlichen Anzahl von Strategien eine Lösung hat, unter Umständen in Form von gemischten Strategien für einen oder für beide Spieler. Der Beweis dafür wird in Kapitel III erbracht.

Ein Spiel, in dem beide Spieler alle Strategien in ihren optimalen Lösungen benutzen, heißt *vollständig gemischt.* Die Pfennigwette und das beschriebene Spiel mit Bluff sind solche Spiele; folgendes Spiel hingegen nicht:

$$\begin{array}{cc} & \text{B} \\ \text{A} & \begin{pmatrix} 4 & 1 & 3 \\ 2 & 3 & 4 \end{pmatrix} \end{array}$$

Der Leser wird sich leicht von der Richtigkeit folgender Lösung überzeugen: $(^1/_4, {}^3/_4)$ für A $(^1/_2, {}^1/_2, 0)$ für B. Hier erläutert sich darüber hinaus der Begriff der *Dominanz.* Wir sagen: eine reine Strategie „dominiert" eine andere desselben Spielers, wenn bei beliebiger Strategiewahl des Gegners die erste mindestens so günstig ist wie die zweite und wenn sie für wenigstens eine Wahl des Gegners besser ist. Die obige Auszahlungsmatrix zeigt, daß B dumm wäre, wenn er jemals seine dritte Strategie wählte, die von der zweiten dominiert wird. Daher überrascht es nicht, daß die dritte Strategie in B's Optimalstrategie nicht vorkommt; sie hätte von vornherein vernachlässigt werden können.

Wohlverstanden: auch eine „dominierte" Strategie kann optimal sein. Z. B. in dem Spiel

$$\begin{array}{cc} & B \\ A & \begin{pmatrix} 1 & 2 \\ 1 & 3 \end{pmatrix} \end{array}$$

gibt es zwei Lösungen: (1, 0) für A, und (1, 0) für B, und ferner (0, 1) für A und wiederum (1, 0) für B. Hier sind die beiden reinen Strategien von A optimal, obwohl die zweite die erste dominiert.

Wir haben noch nicht angegeben, wie man die Lösung eines Spieles findet, sondern nur, wie man feststellt, ob ein Strategienpaar eine Lösung darstellt oder nicht. Es sei noch erwähnt, daß der Wert eines Spieles selbstverständlich gleich 0 ist, wenn die Auszahlungsmatrix schiefsymmetrisch, d. h. wenn sie bei Rollentausch der Spieler unverändert bleibt. Allgemeine Methoden zur Lösung von Spielen werden später, besonders in Kapitel IX dargestellt; der ungeduldige Leser findet die Lösungen aller hier betrachteten Spiele in dem Verzeichnis der Spiele am Ende des Buches.

II. Graphische Darstellung

1. Für Leser, die eine geometrische Veranschaulichung bevorzugen, bringen wir eine graphische Darstellung bestimmter Sachverhalte der Spieltheorie. Zur zweidimensionalen Darstellung wählen wir Spiele, bei denen einer der Spieler über nur zwei reine Strategien verfügt. Als Beispiel wählen wir wieder das Spiel:

$$\begin{array}{cc} & B \\ A & \begin{pmatrix} 4 & 1 & 3 \\ 2 & 3 & 4 \end{pmatrix} \end{array}$$

Wir werden geometrische Modelle konstruieren für A und für B, wobei A der Spieler mit den zwei reinen Strategien ist.

Die Ergebnisse lassen sich leicht übertragen auf den Fall, wo der minimalisierende Spieler nur über zwei reine Strategien verfügt.

A kann jede seiner reinen Strategien benutzen oder irgendeine aus beiden gemischte Strategie. Seine Strategiewahl wird als Punkt auf einer Strecke von der Länge 1 dargestellt (Abb. II.1); den Punkten P_1 und P_2 entsprechen die reinen

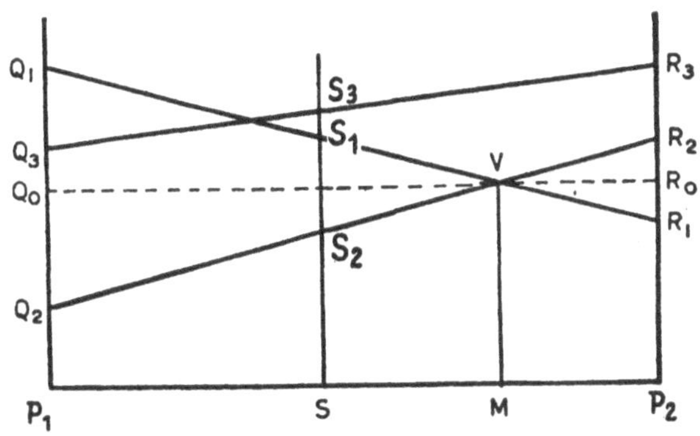

Abb. II.1

Strategien. Jeder dazwischenliegende Punkt bezeichnet eine gemischte Strategie. Zum Beispiel entspricht der Strategie $(^1/_4, {^3/_4})$ der Punkt auf der Strecke, dessen Abstände von P_2 und P_1 im Verhältnis 1:3 stehen. Punkte außerhalb der Strecke $P_1 P_2$ interessieren uns hier nicht, da sie nicht zwei nicht-negativen Häufigkeiten entsprechen.

Senkrecht zu der Strecke $P_1 P_2$ tragen wir nach oben als Ordinaten die Beträge auf, die A gewinnt, wenn B eine seiner reinen Strategien, z. B. die erste benutzt. Wenn A die dem Punkt P_1 entsprechende Strategie verfolgt, bekommt er 4; benutzt er hingegen die dem Punkt P_2 entsprechende Strategie, erhält er 2. Wählt A irgendeine Kombination (m, n) mit $m + n = 1$, gewinnt er $4\,m + 2\,n$. Trägt man alle diese Punkte über der Strecke $P_1 P_2$ auf, so ergibt sich die Gerade

$Q_1 R_1$ der Abb. II.1. Die Geraden $Q_2 R_2$ und $Q_3 R_3$ entsprechen den anderen beiden reinen Strategien von B.

Nehmen wir an, daß A die in der Abb. mit S bezeichnete Strategie gewählt hat. Dann errichten wir auf der Strecke $P_1 P_2$ in S die Senkrechte. Diese schneidet die den drei Strategien von B entsprechenden Geraden in den Punkten S_1, S_2, S_3. Was B auch tut, A erhält mindestens den Betrag, der dem Abstand zwischen S und dem tiefstgelegenen dieser Schnittpunkte entspricht. In unserem Beispiel ist das S_2 auf der der zweiten Strategie von B zugeordneten Linie $Q_2 R_2$. Ein solcher Minimalbetrag läßt sich für jeden Punkt von $P_1 P_2$ ermitteln. Nach der Spieltheorie sollte A den Punkt aufsuchen, wo dieser Betrag zum Maximum wird. In unserem Beispiel ist das die Strategie, die durch den Punkt M gekennzeichnet ist, dessen Abstand von P_2 $^1/_4$ und von P_1 $^3/_4$ beträgt. A's Optimalstrategie ist also ($^1/_4$, $^3/_4$), wie sich schon in Kapitel I. 3 gezeigt hat. Sie sichert einen mittleren Gewinn von 2,5 pro Partie, was dem Abstand MV entspricht und den Wert des Spieles darstellt.

Darüber hinaus zeigt die Abb., daß B niemals seine dritte reine Strategie benutzen sollte, weil die ihr zugeordnete Gerade $Q_3 R_3$ oberhalb der der zweiten Strategie zugehörigen Geraden $Q_2 R_2$ verläuft. Ob die erste oder die zweite Strategie besser für B ist, hängt davon ab, was A tut. Wenn A die Strategie M wählt, so führt jede Kombination der beiden Strategien von B zu dem gleichen Ergebnis.

Der Leser wird sich darüber klar sein, daß das Schema der Strategielinien von unserem Beispiel sehr stark abweichen kann.

Wir erwähnen insbesondere zwei Fälle: a) es gibt eine optimale reine Strategie, b) es gibt mehr als eine optimale Strategie für A. Diese Fälle zeigt die Abb. II.2.

Kommen wir zu B. Liegt ein Spiel mit Sattelpunkt vor, ist die Antwort trivial. Gibt es keinen Sattelpunkt, so folgt aus Abb. II.1, daß B nur die zwei ersten Strategien benutzen darf. Später werden wir beweisen (IX.2), daß B nie mehr als zwei seiner eigenen Strategien zur Komposition seiner Optimal-Strategie braucht, wenn A nur zwei reine Strategien

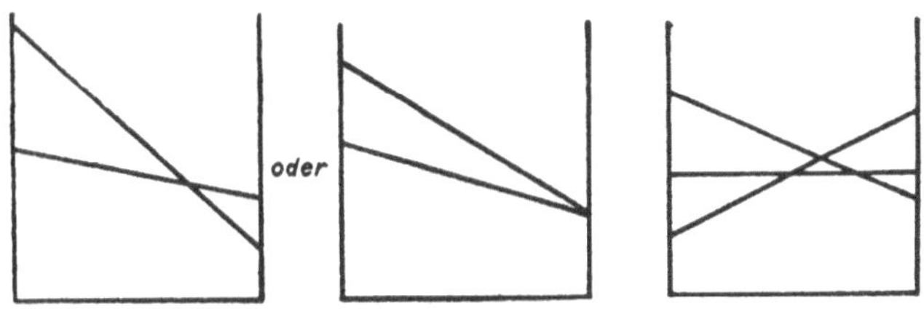

(a) (b)

Abb. II.2

hat. B's Optimalstrategie ist dadurch gekennzeichnet, daß alles, was A tut, ohne Einfluß auf das Auszahlungsergebnis bleibt. Folglich können wir B's Kombination auf folgende Weise finden: Wir zeichnen die Parallele Q_0R_0 zu P_1P_2 durch V und bilden die Verhältnisse Q_0Q_1/Q_0Q_2 oder auch R_0R_1/R_0R_2 (Abb. II.1). Diese Verhältnisse sind gleich auf Grund der Eigenschaften ähnlicher Dreiecke. Sie sind jedoch auch gleich dem Verhältnis der Häufigkeiten, mit denen die reinen Strategien in der Optimalstrategie auftreten.

2. Ein anderes Verfahren, B's Optimalstrategie zu finden, könnte in einer Erweiterung des Diagramms auf drei Dimensionen bestehen. Doch eine solche Verallgemeinerung wäre bereits unmöglich, wenn B über mehr als drei reine Strategien verfügte. Wir werden darum eine andere Methode einführen, die den Vorteil bringt, einen gleichzeitigen Überblick über die Situationen beider Spieler zu geben. (Wir nehmen an, daß einer von ihnen nur zwei reine Strategien zur Verfügung hat.)

Nach dieser neuen Methode wird jede Strategie von B durch einen Punkt gekennzeichnet, dessen Koordinaten die beiden Auszahlungen für die beiden reinen Strategien von A sind. In unserem Beispiel (Abb. II.3) erhält man so die Punkte

$$P_1 = (4, 2),\ P_2 = (1, 3) \text{ und } P_3 = (3, 4).$$

Wenn B irgendeine gemischte Strategie $pP_1 + qP_2 + rP_3$ benutzt (die Bezeichnung versteht sich von selbst), ist die Auszahlung an A der gewichtete Durchschnitt der Aus-

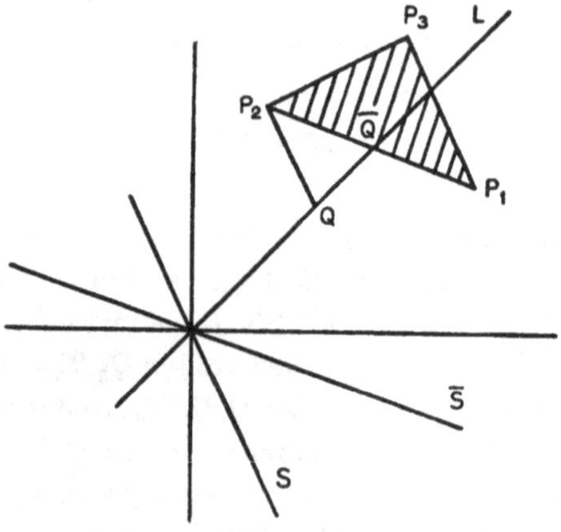

Abb. II.3

zahlungen bei Wahl der einzelnen reinen Strategien, wobei die Summe der Gewichte p, q und r 1 ergibt. Folglich wird B's Strategie (p, q, r) durch einen Punkt dargestellt, dessen Koordinaten die gewichteten Durchschnitte der Koordinaten der Punkte sind, die das „Strategie-Polygon" von B aufspannen. Dieses Polygon enthält alle Punkte, die reine Strategien darstellen und ferner mit irgend zwei Punkten des Polygons auch alle Punkte ihrer Verbindungslinien. Dies ist ein konvexer Bereich; man nennt ihn die *konvexe Hülle* der gegebenen Punkte. Ihre Eckpunkte stellen reine Strategien dar. Jedoch können reine Strategien auch Punkten innerhalb des Polygons entsprechen.

Wir betrachten ausschließlich Punkte innerhalb des Polygons und auf seinem Rande, da Punkte außerhalb negative Gewichtungsfaktoren bedeuten würden. Wenn jetzt B irgendeinen Punkt des Polygons als Strategie wählt, so sollte A diejenige seiner Strategien verfolgen, die ihm die höchste Auszahlung vermittelt. Nähme er seine erste reine Strategie, erhielte er den Betrag, der durch die Abszisse von B's Strategiepunkt gemessen wird. Mit seiner zweiten reinen Strategie gewinnt er die Ordinate von B's Strategiepunkt. Wenn infolgedessen dieser Punkt unterhalb der Winkelhalbierenden L liegt, sollte A seine erste reine Strategie wählen; liegt er oberhalb — seine zweite. Liegt der Punkt auf L, bekommt A den gleichen Betrag, welche Strategie er immer wählt, sei es eine reine, sei es eine gemischte. B sollte den Strategiepunkt des Polygons aussuchen, der A am wenigsten zukommen läßt, also jenen Punkt, dessen größere Koordinate so klein wie möglich ist.

Um diesen Punkt geometrisch zu ermitteln, stelle man sich einen rechten Winkel vor, dessen Scheitelpunkt auf der Linie L liegt und dessen Schenkel parallel zu den Koordinatenachsen verlaufen. Die Schenkel sind in Richtung der negativen Koordinatenachsen, d. h. vom Scheitelpunkt aus nach links und nach unten orientiert. Der Scheitelpunkt wird jetzt auf L von links unten nach rechts oben verschoben, bis einer der Schenkel oder der Scheitelpunkt das Polygon erreicht. Der Berührungspunkt — oder die Berührungspunkte — liefert eine Optimalstrategie für B.

Folgendes ist klar: Wenn die Winkelhalbierende L das Polygon schneidet und derjenige Schnittpunkt mit der kleinsten Abszisse oder Ordinate auf einer Begrenzungskante mit negativen Steigungswinkel liegt, also nach rechts unten verläuft, gibt dieser Schnittpunkt B's Optimalstrategie an ($\bar{Q}$ in Abb. II.3); sind jedoch diese Bedingungen nicht beide erfüllt, fällt die Optimalstrategie mit einer der Ecken des Polygons zusammen, d. h. die Optimalstrategie ist eine reine Strategie (Abb. II.4). Wir können diese Konstruktion auch

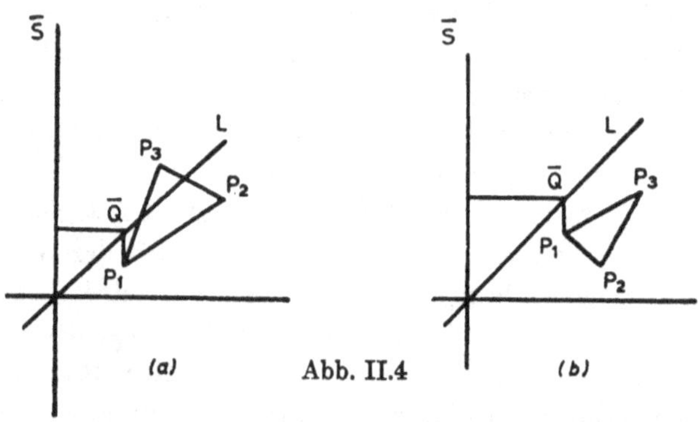

Abb. II.4

folgendermaßen beschreiben: Man ziehe an das Polygon die untere horizontale und die linke vertikale Stützgerade. Wenn die Winkelhalbierende zuerst eine dieser Stützgeraden trifft, enthält die Lösung eine reine Strategie von B, die durch diejenige Ecke gegeben ist, von der die Horizontale bzw. Vertikale ausläuft. Es ist zu bemerken, daß dieses sogar dann passieren kann, wenn die Winkelhalbierende L auf ihrem weiteren Verlauf eine Polygonseite schneidet (Abb. II.4.a). In (a) dominiert keine reine Strategie von A die andere, wohingegen in (b) die erste reine Strategie dominiert. Die zwei Teile der Abb. II.4 beziehen sich auf die Spiele, die durch folgende zwei Matrizen definiert sind:

$$\text{(a)} \quad \begin{pmatrix} 2 & 5 & 3 \\ 1 & 3 & 4 \end{pmatrix} \quad \text{und (b)} \quad \begin{pmatrix} 3 & 4 & 5 \\ 2 & 1 & 3 \end{pmatrix}$$

Wenn natürlich ein Punkt P_a des Polygons rechts und oberhalb eines Punktes P_b des Polygons liegt, braucht man P_a nicht weiter zu betrachten, denn beide Koordinaten von P_b sind kleiner als die von P_a. Das erklärt die Wichtigkeit der Kantenneigungen von B's Strategiepolygon. In Abb. II.3 liegt der erste gemeinsame Punkt von L und dem Polygon auf einer Kante mit negativem Steigungswinkel. Daher sind hier die horizontalen und vertikalen Stützlinien ohne Belang.

3. Um ein vollständiges Bild für beide Spieler zu vermitteln, suchen wir jetzt eine Darstellung der Strategien von A, die sich in das gleiche Diagramm eintragen läßt. Wir müssen also einen Weg finden, die Spielergebnisse für A darzustellen, und zeigen, wie sie von A's Strategiewahl abhängen.

Die beiden Strategien von A seien mit S_1 und S_2 bezeichnet. A möge die gemischte Strategie (m, n) wählen, wobei $m + n = 1$ ist. Wenn B den Strategiepunkt $P = (x_1, y_1)$ wählt, beträgt die mittlere Auszahlung an A $mx_1 + ny_1$. Für diesen Ausdruck suchen wir jetzt eine geeignete geometrische Deutung.

Wir ziehen eine Gerade durch den Koordinatenursprung mit der Gleichung $mx + ny = 0$. Wir nennen sie die Strategielinie von A.

Da m und n beide nicht-negativ sind, fällt diese Gerade entweder mit einer der Koordinatenachsen zusammen oder hat negativen Anstieg. Wenn $m = 1$ und damit $n = 0$, fällt die Strategielinie auf die Ordinatenachse und $mx_1 + ny_1$ ist dann einfach der Abstand des Punktes P von dieser Geraden, d. h. er ist gleich der Abszisse von P. Entsprechendes gilt, wenn $m = 0$ und $n = 1$; der Ausdruck ergibt dann die Ordinate von P. Der Abstand von P zu der Geraden $mx + ny = 0$ ist jedoch im allgemeinen nicht gleich dem Durchschnitt aus Abszisse und Ordinate, gewichtet mit den Faktoren m und n. Man braucht dann eine andere Darstellung.

Man zeichne durch P eine Parallele zu der Geraden $mx + ny = 0$, also die Gerade mit der Gleichung $mx + ny = mx_1 + ny_1$. Man suche den Schnittpunkt Q dieser Geraden mit der Winkelhalbierenden L, deren Gleichung lautet $x = y$ (Abb. II.3). Die Koordinaten des Schnittpunktes Q gehorchen der Gleichung $(mx_1 + ny_1)/(m + n) = mx_1 + ny_1$. Das aber ist der Ausdruck für die Auszahlung an A.

Kehren wir zurück zur Strategielinie $mx + ny = 0$ von A. B sollte aus den ihm zur Verfügung stehenden Strategiepunkten denjenigen auswählen, durch den die Parallele zu A's Strategielinie so verläuft, daß sie L in einem Punkt mit möglichst kleiner Abszisse oder Ordinate schneidet.

Im allgemeinen wird dieser Punkt derjenige Eckpunkt des Strategiepolygons sein, den eine Parallele zu A's Strategielinie, von links unten nach rechts oben verschoben, zuerst trifft. In Sonderfällen, wenn nämlich eine ganze Seite des Polygons parallel zur Strategielinie verläuft, sind alle Punkte dieser Polygonseite gleichwertig für B, insbesondere jeder ihrer beiden Eckpunkte, die reinen Strategien entsprechen.

A wird natürlich diejenige Strategielinie $\bar{S}$ auswählen, die die Abszisse des Punktes auf L, zu dem B durch die eben beschriebenen Überlegungen kommt, so groß wie möglich macht (siehe Punkt $\bar{Q}$ in den Abb. II.3 und II.4). Wenn B's Polygon, von links unten her betrachtet, L zuerst mit einer Kante negativen Anstiegs schneidet, kann A nichts Besseres tun, als seine Strategielinie parallel zu dieser Kante zu wählen (wie in Abb. II.3). Wenn aber L das Polygon überhaupt nicht durchdringt oder der erste Schnittpunkt auf einer Kante positiven Anstiegs liegt (siehe Abb. II.4), dann sollte A diejenige der beiden Koordinatenachsen wählen, die am weitesten von B's bestem Punkt entfernt liegt. (Es sei daran erinnert, daß A keine Kante mit positivem Anstieg wählen kann).

In allen diesen Fällen zeigt sich, daß B's optimale Strategie die genaue Antwort auf A's optimale Strategie darstellt und umgekehrt. Mit anderen Worten: Es gibt immer eine Lösung, zumindest in Form von gemischten Strategien. Die optimalen Strategien können mit Hilfe von Diagrammen bestimmt werden. So ist in Abb. II.3 B's optimale Strategie definiert durch ($\frac{1}{2}$, $\frac{1}{2}$, 0), die von A dagegen durch die Koeffizienten der Gleichung von $\bar{S}$. Die numerischen Werte dieser Koeffizienten lassen sich leicht ermitteln, da die Linie $\bar{S}$ parallel zu $P_1 P_2$ verläuft, d. h. zu

$$(a_{22} - a_{21})\, x + (a_{11} - a_{12})\, y = 0.$$

Demnach stehen die Koeffizienten im Verhältnis $^1/_4 : {}^3/_4$. In Abb. II.4 bilden die Optimalstrategien einen Sattelpunkt und sind noch einfacher aufzufinden. Der Wert des Spieles ist in jedem Falle die Abszisse von $\bar{Q}$.

Diese Betrachtungen implizieren einen geometrischen Beweis des Hauptsatzes der Spieltheorie für den Fall, daß einer der Spieler über nur zwei reine Strategien verfügt. Das nächste Kapitel liefert einen allgemeingültigen algebraischen Beweis.

III. Algebra der Spieltheorie

1. Wir werden jetzt algebraische Bezeichnungen und algebraische Verfahren einführen, um zu allgemeinen Ergebnissen zu gelangen.

A verfügt über n, B über m Strategien. Die Auszahlung für die Kombination von A's i-ter und B's j-ter Strategie werde mit a_{ij} bezeichnet. Wenn A seine reinen Strategien gemäß den Proportionen $x_1 : \ldots : x_n$ einsetzt, wobei $x_1 + \ldots + x_n = 1$, bezeichnen wir seine gemischte Strategie mit $(x) = (x_1, \ldots, x_n)$. Ähnlich wird eine gemischte Strategie von B gekennzeichnet durch $(y) = (y_1, \ldots, y_m)$, wobei $y_1 + \ldots + y_m = 1$. Natürlich sind die $x_1, \ldots, x_n$ und $y_1, \ldots, y_m$ sämtlich nicht-negativ. Das soll immer gelten, wenn wir die Bezeichnung (x) und (y) gebrauchen.

Wenn A die Strategie (x) und B die Strategie (y) wählt, beträgt die durchschnittliche Auszahlung

$$\sum_{i=1}^{n} \sum_{j=1}^{m} x_i y_j a_{ij}.$$

Untersuchen wir jetzt, wie man zu den Strategien kommt. Wenn A sich z. B. für die Strategie $(\bar{x})$ entscheidet, muß er befürchten, daß B die Strategie (y) wählt, die den Ausdruck

$$\sum_{i} \sum_{j} \bar{x}_i y_j a_{ij}$$

so klein wie möglich macht. Wenn B dieses durch eine gemischte Strategie erreichen kann, so kann er dies auch erreichen durch mindestens eine reine Strategie, da nämlich seine Auszahlung ein gewichteter Durchschnitt von Beträgen

$$\sum_{i} \bar{x}_i a_{ij}$$

ist, wobei die positiven Gewichte y_j sich zu 1 addieren, und darum nicht kleiner sein kann als der kleinste dieser Beträge. Folglich braucht A nur B's reine Strategien zu untersuchen und festzustellen, welche von ihnen die kleinste Auszahlung in bezug auf seine eigenen Strategien ergibt. Bei gegebenem $(\bar{x})$ schreiben wir für diese kleinste Auszahlung

$$\min_{j} \sum_{i} a_{ij} \bar{x}_i = \sum_{i} a_{ij(\bar{x})} \bar{x}_i. \qquad (1)$$

Hier bezeichnet $j(\bar{x})$ diejenige reine Strategie, die für ein gegebenes $(\bar{x})$ das Minimum ergibt.

A will dieses Minimum so groß wie möglich machen. Er wird also ein entsprechendes (x) so wählen, daß er als Auszahlung erhält:

$$\max_{(x)} \min_{j} \sum_{i} a_{ij} x_i = \max_{(x)} \sum a_{ij(x)} x_i = v_1. \qquad (2)$$

Wir bezeichnen ν_1 als das *Maximin* und stellen fest, daß das „reine“ Maximin, nämlich der Ausdruck

$$\max_i \min_j a_{ij}$$

kleiner als oder höchstens gleich ν_1 ist.

Wir können diese Überlegungen für den Standpunkt von B wiederholen. Dabei beginnen wir mit der Annahme, daß B sich für die Strategie $(\bar{y})$ entscheidet. Dann würde es für A das Beste sein, diejenige Strategie zu wählen, die

$$\max_i \sum_j a_{ij}\bar{y}_j = \sum_j a_{i(\bar{y})j}\bar{y}_j \tag{3}$$

ergibt. B wird infolgedessen seine Strategie so auswählen, daß die Auszahlung sich auf

$$\min_{(y)} \max_i \sum_j a_{ij}y_j = \min_{(y)} \sum_j a_{i(y)j}y_j = \nu_2 \tag{4}$$

beläuft. Auch hier ist es klar, daß das „reine“ *Minimax*, nämlich

$$\min_j \max_i a_{ij},$$

größer oder höchstens gleich ν_2 ist.

Wenn wir von einem Maximum oder von einem Minimum sprechen, darf man nicht vergessen, daß es mehr als eine Strategie geben kann, die dahin führt; wenn wir daher von *der* optimalen Strategie sprechen, so beziehen wir uns auf eine von ihnen.

Der Hauptsatz der Spieltheorie, das Minimax-Theorem, besagt, daß immer $\nu_1 = \nu_2$ ist. Es läßt sich leicht zeigen, daß $\nu_1 \leqq \nu_2$, d. h. daß das Maximin nie größer ist als das Minimax. Und zwar definiere man $(\bar{x})$ durch

$$\nu_1 = \min_j \sum_i \bar{x}_i a_{ij}$$

und $(\bar{y})$ durch

$$\nu_2 = \max_i \sum_j \bar{y}_j a_{ij}.$$

Dann ergibt sich

$$\nu_1 \leqq \sum_i \sum_j \bar{x}_i \bar{y}_j a_{ij}$$

und

$$\nu_2 \geqq \sum_i \sum_j \bar{x}_i \bar{y}_j a_{ij}.$$

Die rechten Seiten der Ungleichungen sind gleich, also gilt $\nu_1 \leqq \nu_2$. Das Minimax-Theorem ist also bewiesen, wenn gezeigt werden kann, daß $\nu_1 \geqq \nu_2$ ist.

Außerdem folgt: Wenn das reine Maximin gleich dem reinen Minimax ist, d. h. wenn es einen Sattelpunkt gibt (die Äquivalenz dieser beiden Eigenschaften wird in III.3 gezeigt werden), so sind sie beide gleich: $\nu_1 = \nu_2$.

Im nächsten Abschnitt werden wir das Minimax-Theorem beweisen. Seine Gültigkeit vorausgesetzt, ergibt sich aus (1) und (3), daß

$$\sum_i \sum_j a_{ij} \bar{x}_i \bar{y}_j = \sum_i a_{ij(\bar{x})} \bar{x}_i = \sum_j a_{i(\bar{y})j} \bar{y}_j.$$

Diese Gleichungen zeigen, daß die zwei Strategien $(\bar{x})$ und $(\bar{y})$, die gewählt worden sind, weil sie den besten Schutz gegen die reinen, durch $j(\bar{x})$ und $i(\bar{y})$ gekennzeichneten Strategien darstellen, gleichzeitig auch den besten Schutz gegeneinander liefern. Wenn folglich A $(\bar{x})$ wählt, so braucht B nicht $j(\bar{x})$ zu wählen, um den kleinstmöglichen Verlust zu erleiden, sondern er kann ebensogut der im allgemeinen gemischten Strategie (y) den Vorzug geben. Das ist aber nur dann richtig, wenn jede reine Strategie, die in $(\bar{y})$ auftritt, zusammen mit $(\bar{x})$ zu der gleichen Auszahlung führt wie die reine Strategie $j(\bar{x})$.

Trotzdem kann man nicht sagen, daß B nach Belieben $(\bar{y})$ oder $j(\bar{x})$ einsetzen könnte und A's Entscheidung für ihn gleichgültig sei. Dies ist, im Gegenteil, nur dann der Fall, wenn er $(\bar{y})$ befolgt; denn sonst könnte A von seiner Optimal-Strategie abweichen und eine höhere Auszahlung als das Minimax ν_2 erreichen.

2. Wir kommen jetzt zum Beweis des Minimax-Theorem. Es gibt heute viele Beweise. Der erste stammt von J. von Neumann [22]. Er ist alles andere als elementar; in seiner Arbeit [23] von 1937 gibt er bereits einen anderen Beweis. 1938 lieferte J. Ville einen elementaren Beweis [27], auf den wir später zurückkommen werden. Den hier vorgetragenen Beweis entnehmen wir ([24]. pp. 53ff.). Einen weiteren Beweis, der sich auf einen allgemeineren Satz bezieht, werden wir im Zusammenhang mit unseren Erörterungen der Linearprogrammierung unter VIII.3 darstellen.

Wir müssen also beweisen, daß $\nu_1 = \nu_2$; wie wir schon wissen, ist es jedoch hinreichend zu zeigen, daß $\nu_1 \geqq \nu_2$. Der Beweis beruht auf zwei Hilfssätzen, die wir zuerst darlegen müssen.

Hilfssatz 1: *Satz von den Stütz-Hyperebenen*

Die Werte $a_{ij} (i = 1, \ldots, n; j = 1, \ldots, m)$ seien gegeben. Wir nennen eine Menge

$$(a_{1j}, \ldots, a_{nj})$$

einen Punkt A_j im n-dimensionalen Raum und sagen, daß ein anderer Punkt

$$A = (a_1, \ldots, a_n)$$

zur konvexen Hülle von $A_1, A_2, \ldots, A_m$ gehört, wenn wir nicht-negative Werte $t_1, \ldots, t_m$ mit der Summe 1 so finden können, daß für alle $i = 1, \ldots, n$ gilt:

$$a_i = t_1 a_{i1} + \cdots + t_m a_{im}.$$

Diese Hülle ist in der Tat konvex: wenn zwei Punkte zu ihr gehören, dann gehören auch alle Punkte ihrer Verbindungslinie dazu. Man kann sich das ohne Schwierigkeiten aus der Definition ableiten. Der Satz von den Stütz-Hyperebenen behauptet (in der hier benötigten Form): Wenn der Punkt $0 = (0, \ldots, 0)$ nicht zu der konvexen Hülle von $A_1, \ldots, A_m$ gehört, lassen sich solche Werte $s_1, \ldots, s_n$ finden, daß für jeden Punkt A der der konvexen Hülle gilt:

$$s_1 a_1 + \cdots + s_n a_n > 0.$$

Für $n = 2$ oder 3 ist das anschaulich klar (siehe Abb. III.1).

Diese speziellen Fälle erklären auch die Bezeichnung des Satzes, denn eine Hyperebene ist die Verallgemeinerung von Gerade und Ebene in höhere Dimensionen.

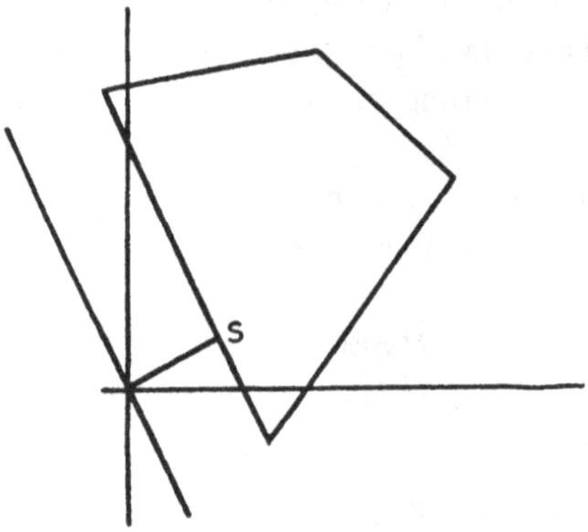

Abb. III.1

Es folgt der Beweis des Hilfssatzes für beliebiges n.

Wenn 0 nicht zu der konvexen Hülle C gehört, dann gibt es in C einen von 0 verschiedenen Punkt, für den das Quadrat der „Entfernung" von 0, d. h. die Summe der Quadrate der Koordinaten am kleinsten ist. Der Punkt sei $S = (s_1, \ldots, s_n)$. Wir betrachten jetzt einen beliebigen Punkt $A = (a_1, \ldots, a_n)$ aus C. Für jedes t zwischen 0 und 1 wird der Punkt mit den Koordinaten

$$t a_i + (1 - t) s_i$$

ebenfalls zu C gehören.

Er wird darüber hinaus mindestens ebensoweit wie S von 0 entfernt sein; also gilt

$$\Sigma [t a_i + (1 - t) s_i]^2 \geqq \sum_i s_i^2.$$

Aus der elementaren Algebra folgt: Wenn $t > 0$, gilt

$$2 \sum_i s_i (a_i - s_i) + \sum_i (a_i - s_i)^2 t \geqq 0.$$

Wenn t gegen null geht, so strebt die Ungleichung gegen

$$\sum_i s_i (a_i - s_i) \geqq 0, \text{ d. h.: } \sum_i s_i a_i \geqq \sum_i s_i^2 > 0,$$

da S verschieden von 0 ist. Damit ist der Satz bewiesen.

Hilfssatz 2: *Satz über eine Alternative für Matrizen*

Die Werte a_{ij} seien gegeben, und wir betrachten die konvexe Hülle C der – wie oben definierten – Punkte $A_1, \ldots, A_m$ und der Punkte

$$(1, 0, \ldots, 0), (0, 1, 0, \ldots, 0), \ldots (0, 0, \ldots, 0, 1).$$

Der Koordinatenursprung gehört entweder zu C oder nicht. Der Satz über eine Alternative für Matrizen behauptet, daß es im ersten Falle ein (y) gibt, so daß gilt

$$a_{i1}y_1 + \cdots + a_{im}y_m \leqq 0 \text{ für alle } i, \qquad \text{(i)}$$

und daß es im zweiten Falle ein (x) gibt, so daß gilt:

$$a_{1j}x_1 + \cdots + a_{nj}x_n > 0 \text{ für alle } j. \qquad \text{(ii)}$$

Fall 1: Der Punkt 0 gehört zu C, d. h. es gibt nicht-negative Werte $t_1, \ldots, t_{m+n}$ mit der Summe 1, so daß

$$t_1 a_{i1} + \cdots + t_m a_{im} + t_{m+i} = 0, \text{ oder}$$

$$t_1 a_{i1} + \cdots + t_m a_{im} = - t_{m+i} \leqq 0.$$

Nun muß $t_1 + \cdots + t_m$ positiv sein, da sonst alle t_i $(i = 1, \ldots, m + n)$ null sein und sich nicht zu 1 addieren würden. Es folgt, daß die Ausdrücke $y_j = t_j/(t_1 + \cdots + t_m)$ der Beziehung (i) genügen.

Fall 2 (Abb. III.1): Der Punkt 0 gehört nicht zu C. Dann kann man nach dem Satz von den Stütz-Hyperebenen ein $(s_1, \ldots, s_n)$ so finden, daß gilt

$$s_1 a_{1j} + \cdots + s_n a_{nj} > 0 \text{ für alle } j \quad (1, \ldots, m)$$

und

$$s_1 > 0, \ldots s_n > 0,$$

denn auch die Punkte $(1, 0, \ldots, 0)$ usw. gehören zu C. Folglich genügen die Werte $x_i = s_i/(s_1 + \cdots + s_n)$ der

Gleichung (ii). Damit ist der Hilfssatz 2, der Satz über eine Alternative für Matrizen, bewiesen.

Dieser Hilfssatz wird jetzt zum Beweis des Hauptsatzes verwendet. Im obigen Falle 1 haben wir ein (y) so, daß für alle i, $\sum_j a_{ij} y_j \leqq 0$, und damit auch $\max_i \sum_j a_{ij} y_j \leqq 0$.
Also: $\nu_2 = \min_{(y)} \max_i \sum_i \sum_j a_{ij} y_j \leqq 0$.
Im zweiten Falle gibt es ein (x) so, daß für alle j gilt $\sum_i a_{ij} x_i > 0$, und damit auch $\min_j \sum_i a_{ij} x_i > 0$.
Folglich $\nu_1 = \max_{(x)} \min_j \sum_i \sum_j a_{ij} x_i > 0$.

Damit haben wir gezeigt, daß nicht gleichzeitig

$$\nu_1 < 0 \text{ und } \nu_2 > 0 \text{ gilt.}$$

Wir betrachten jetzt die Auszahlungsmatrix mit den Elementen $a_{ij} - k$. Dabei ist k eine beliebige positive oder negative Konstante. Auf die gleiche Weise wie oben läßt sich zeigen, daß für kein k die Beziehung $\nu_1 < k < \nu_2$ gilt. Folglich kann ν_1 nie kleiner als ν_2 sein. Damit ist das Minimax-Theorem bewiesen.

Wegen der großen mathematischen Bedeutung dieses Satzes skizzieren wir den bereits erwähnten Beweis von J. Ville. Aus (4) ergibt sich für alle (y)

$$\max_i \sum_j a_{ij} y_j \geqq \nu_2.$$

Mit anderen Worten: für jedes (y) gibt es wenigstens ein i, so daß

$$\sum_j a_{ij} y_j \geqq \nu_2.$$

In [27] wird gezeigt, daß man dann ein $(\bar{x})$ finden kann, so daß für jedes (y)

$$\sum_j a_{ij} \bar{x}_i y_j \geqq \nu_2.$$

Es folgt

$$\nu_2 \leqq \min_{(y)} \sum_i a_{ij} \bar{x}_i y_j \leqq \max_{(x)} \min_{(y)} \sum_i \sum_j a_{ij} x_i y_j$$

$$= \max_{(x)} \min_{j} \sum_i \sum_j a_{ij} x_i y_j = \nu_1 .$$

3. In Kapitel I.3 haben wir den Begriff der *Lösung* eines Spiels eingeführt. Wir geben eine exakte Definition dieses Begriffs auf eine völlig andere Weise wie oben; wir werden später zeigen, daß beide Definitionen gleichwertig sind.

Jedes Paar $(\bar{x})$ und $(\bar{y})$ ist eine Lösung des Spiels, wenn

$$\sum_i \sum_j a_{ij} \bar{x}_i \bar{y}_j = \max_{(x)} \min_{(y)} \sum_i \sum_j a_{ij} x_i y_j = \min_{(y)} \max_{(x)} \sum_i \sum_j a_{ij} x_i y_j .$$

Die bisherigen Ausführungen lassen nicht darauf schließen, daß es nur eine Lösung für ein Spiel geben muß. Da es nur ein einziges Maximin oder Minimax geben kann, ist klar, daß alle Lösungen den gleichen Wert $\nu = \nu_1 = \nu_2$ liefern, nämlich den Wert des Spiels. Jetzt seien die Paare $(\bar{x})$, $(\bar{y})$ und $(\bar{\bar{x}})$, $(\bar{\bar{y}})$ Lösungen. Dann ist auch das Paar $(\bar{x})$, $(\bar{\bar{y}})$ eine Lösung, denn, gemäß der Definition einer Lösung, gilt

$$\sum_i \sum_j a_{ij} \bar{x}_i \bar{\bar{y}}_j \geqq \sum_i \sum_j a_{ij} \bar{x}_i \bar{y}_j \geqq \sum_i \sum_j a_{ij} \bar{\bar{x}}_i \bar{y}_j$$

und ebenso

$$\sum_i \sum_j a_{ij} \bar{\bar{x}}_i \bar{y}_j \geqq \sum_i \sum_j a_{ij} \bar{x}_i \bar{y}_j \geqq \sum_i \sum_j a_{ij} \bar{x}_i \bar{\bar{y}}_j .$$

Daraus folgt, daß alle Ausdrücke in diesen Ungleichungen einander gleich sein müssen.

Wir müssen jetzt eine Frage erörtern, die von offensichtlich praktischer Bedeutung ist. Ein Paar von Strategien (x') und (y') sei gegeben. Wie läßt sich feststellen, ob dieses Paar Lösung eines gegebenen Spiels ist?

Wenn (x'), (y') eine Lösung darstellt, so gilt notwendig

$$\sum_i \sum_j a_{ij} x_i' y_j' \leqq \sum_i \sum_j a_{ij} x_i' y_j \quad \text{für alle } (y) \qquad \text{(a)}$$

und

$$\sum_i \sum_j a_{ij} x_i' y_j' \geqq \sum_i \sum_j a_{ij} x_i y_j' \quad \text{für alle } (x). \tag{b}$$

Aber diese beiden Ungleichungen sind auch hinreichend dafür, daß (x'), (y') eine Lösung ist, wie wir nun beweisen werden. In Worten: wir haben zu beweisen, daß das Paar dann eine Lösung ist, wenn beide Spieler ihre Strategien gewählt haben und keiner seine Lage durch Änderung seiner Strategie verbessern kann, solange der andere die seine unverändert läßt. Der Beweis verläuft wie folgt:

Aus (a) und (b) ergibt sich

$$\max_{(x)} \sum_i \sum_j a_{ij} x_i y_j' = \sum_i \sum_j a_{ij} x_i' y_j' = \min_{(y)} \sum_i \sum_j a_{ij} x_i' y_j. \tag{c}$$

Natürlich gilt auch

$$\min_{(y)} \max_{(x)} \sum_i \sum_j a_{ij} x_i y_j \leqq \max_{(x)} \sum_i \sum_j a_{ij} x_i y_j' \tag{d}$$

und

$$\max_{(x)} \min_{(y)} \sum_i \sum_j a_{ij} x_i y_j \geqq \min_{(y)} \sum_i \sum_j a_{ij} x_i' y_j. \tag{e}$$

Weil die linken Seiten von (d) und (e) gleich sind, müssen sie auch gleich sein dem mittleren Term von (c). Damit ist der Beweis abgeschlossen und des ferneren gezeigt, daß die hier verwendete Definition einer Lösung der aus Kapitel I.3 äquivalent ist.

Wenn das Spiel einen Sattelpunkt besitzt, wenn wir also reine Strategien (x_0) und (y_0) finden können, die (a) und (b) befriedigen, folgt aus (c), (d) und (e), daß der Wert des Spieles gleich dem Maximum der Zeilenminima und auch gleich dem Minimum der Spaltenmaxima ist. Für große Auszahlungsmatrizen gelangt man damit zu einem viel handlicherem Kriterium für die Existenz eines Sattelpunktes, als es die Durchmusterung der ganzen Matrix darstellt.

4. Wenn ein Spiel keinen Sattelpunkt besitzt, ist die Bestimmung einer Lösung oder auch nur seines Wertes nicht

einfach. Wir werden auf diese Frage später zurückkommen (insbesondere in Kapitel IX), da sie sich durch eine Rechentechnik lösen läßt, die auf ein generelleres Problem zugeschnitten ist. Dieses Problem gilt es nun darzustellen.

Eine Auszahlungsmatrix sei gegeben. Wenn A die Strategie (x) wählt, ist er sicher, wenigstens $\min_j \sum_i a_{ij} x_j = \nu$ zu erhalten. Wir haben also

$$a_{1j} x_1 + \cdots + a_{nj} x_n \geqq \nu \qquad \text{für } j = 1, \ldots, m.$$
$$x_1 + \cdots + x_n = 1$$
$$x_1, \ldots, x_n \geqq 0.$$

A will ν so groß wie möglich machen. Der größte Wert von ν stellt dann den Wert des Spiels dar. Dieser Wert ist nicht notwendig positiv, aber er wird es, sobald wir zu allen a_{ij} eine Konstante addieren, die sie alle positiv macht. Der Wert des Spiels vergrößert sich um diese Konstante, doch die Lösung ändert sich nicht. Wir dürfen also annehmen, daß ν positiv ist und führen neue Variable $x_i' = \frac{x_i}{\nu}$ ein, die dann auch ausschließlich nicht-negative Werte annehmen. Die Division der Ungleichungen durch ν liefert das System

$$\sum_{i=1}^{n} a_{ij} x_i' \geqq 1 \qquad \text{für } j = 1, \ldots, m$$
$$\sum_{i=1}^{n} x_i' = 1/\nu.$$

Die rechte Seite der letzten Gleichung soll minimalisiert werden.

Die Wiederholung dieser Überlegungen für B liefert

$$\sum_{j=1}^{m} a_{ij} y_j' \leqq 1 \qquad \text{für } i = 1, \ldots, n,$$

wobei der Ausdruck $\sum_{j=1}^{m} y_j'$ zu maximalisieren ist.

Damit ist das Spielproblem reduziert auf den Sonderfall eines allgemeineren Problems, das sich folgendermaßen formulieren läßt:

Gegeben seien die Konstanten a_{ij}, b_j und c_i für $i = 1, \ldots, n$ und $j = 1, \ldots, m$. Gesucht sind nicht-negative x_i und y_j, so daß $\sum_i a_{ij} x_i = b_j$, wobei $\sum_i c_i x_i$ so klein wie möglich, und $\sum_j a_{ij} y_j = c_i$, wobei $\sum_j b_j y_j$ so groß wie möglich werden soll.

Diese beiden Probleme sind Verallgemeinerungen der Fragen, denen sich A und B gegenübersehen. Sie stehen in einer Beziehung zueinander, die man *dual* nennt. In Kapitel VIII.3 wird gezeigt, daß das Maximum von $\sum_j b_j y_j$ gleich dem Minimum von $\sum_i c_i x_i$ ist. Dieser Sachverhalt ist im Falle der Spieltheorie gleichwertig mit dem Minimax-Theorem.

Ein anderer Weg für die Reduktion des Spielproblems auf das Problem der Linearprogrammierung (LP) wird in Kapitel IX.1 gezeigt werden.

5. Solange wir nur reine Strategien betrachten, bilden die Auszahlungen eine diskrete Menge. Mit der Einführung gemischter Strategien ändert sich das natürlich. Jetzt hat A die Menge von Strategien $\sum_i a_{ij} x_i = X(x_1, \ldots, x_n)$ und B die Menge $\sum_j a_{ij} y_j = Y(y_1, \ldots, y_m)$ zu seiner Verfügung. Die Auszahlung für irgendein Strategienpaar ist — sagen wir —

$$\sum_i \sum_j a_{ij} x_i y_j = P(x_1, \ldots, x_n; y_1, \ldots, y_m).$$

Wenn wir eine Auszahlungs-Funktion

$$A_{00} + A_{01} x + A_{10} y + A_{11} xy$$

betrachten, in der x und y Werte zwischen 0 und 1 annehmen, so ist dieses Spiel äquivalent einem endlichen diskreten Spiel, in dem jeder Spieler über zwei reine Strategien verfügt. Aber wir können weiter verallgemeinern, indem wir für x und y irgendwelche andere, nicht notwendig lineare Funktionen und für P eine andere, nicht notwendig bilineare Funktion ansetzen. Unser Beweis des Minimax-Theorems verliert seine Allgemeingültigkeit, so z. B., wenn die Auszahlungs-Funktion nicht stetig ist. Wir können hier auf die Einzelheiten nicht eingehen; es sei indessen erwähnt, daß J. Ville [27] einen analogen Satz bewiesen hat für den Fall, daß die Auszahlung eine stetige Funktion der zwei Variablen über dem abgeschlossenen Einheitsquadrat ist. Wir verweisen auch auf ([20] p. 186), wohingegen kompliziertere Fälle in [16] und [17] bereits bearbeitet worden sind.

Schließlich sei ein sehr gründlicher Beitrag zu der Theorie erwähnt, der in den ersten zwei Kapiteln von [4] geliefert wird, was jedoch kein Buch für Anfänger ist.

IV. Abriß der Linearprogrammierung

Die Linearprogrammierung beschäftigt sich mit folgendem Problem: Eine Menge von Gleichungen oder von Konstriktionen*) sei gegeben:

$$\begin{aligned} a_{11} x_1 + \cdots + a_{n1} x_n &= b_1 \\ \cdots & \cdots \\ a_{1m} x_1 + \cdots + a_{nm} x_n &= b_m \end{aligned} \tag{1}$$

Gesucht sind nicht-negative Werte der Variablen $x_1, \ldots, x_n$,

*) *Anmerkung der Übersetzer*: Der Begriff „Konstriktionen" übersetzt das englische Wort „constraints", für das es im Deutschen keine treffende Entsprechung gibt. Man hat vorgeschlagen, das Wort durch „Nebenbedingungen" wiederzugeben; der Terminus trifft indessen das Bedeutungsspektrum des englischen Wortes nicht, wir schlagen daher den Ausdruck „Konstriktionen" vor, den es zwar in der neuesten Ausgabe des „Duden" nicht gibt, der uns indessen geeigneter erscheint als eine zu enge Bezeichnung.

die diesen Bedingungen genügen und die den Wert einer gegebenen Linearform

$$C = c_1 x_1 + \cdots + c_n x_n \tag{2}$$

minimalisieren.

Wir dürfen annehmen, daß die m Gleichungen linear unabhängig sind, weil man sonst eine oder mehrere von ihnen aussondern könnte.

Das gleiche Problem, doch ohne die Bedingung, daß die Variablen nicht-negativ sein müssen, kann in das obige Problem durch die Substition $x_i = x_i' - x_i''$ überführt werden. Darüber hinaus ist die obige Form auch für den Fall geeignet, daß einige oder alle Gleichungen durch Ungleichungen ersetzt werden. Denn

$$a_{1j} x_1 + \cdots + a_{nj} x_n \leqq b_j \text{ oder } a_{1j} x_1 + \cdots + a_{nj} x_n \geqq b_j$$

ist gleichwertig mit

$$a_{1j}x_1 + \cdots + a_{nj}x_n + x_{n+j} = b_j$$

oder

$$a_{1j}x_1 + \cdots + a_{nj}x_n - x_{n+j} = b_j$$

unter der Voraussetzung, daß x_{n+j} gleichfalls nicht-negativ ist. Wir bezeichnen diese als *Zusatz-Variable* oder als *Hilfs-Variable.*

Wenn unsere Aufgabe darin bestünde, eine gegebene Linearform zu maximalisieren, ließe sich dieses Problem auf das vorige zurückführen, in dem wir die Minimalisierung der negativen Linearform zur Aufgabe machten. In diesem Fall müßten wir natürlich das Vorzeichen des kleinsten Wertes der minimalisierten Linearform ändern, um den größten Wert der ursprünglichen, zu maximalisierenden Linearform zu erhalten. Andererseits könnte man das Maximalisierungsproblem als eigenständiges Problem betrachten. Wir werden deshalb von „Optimalisierung“ sprechen — ob es sich nun um Maximalisierung oder um Minimalisierung handelt.

Im letzten Kapitel haben wir gesehen, daß eine algebraische Formulierung des Spielproblems zur Linearprogrammierung führt. Wir demonstrieren jetzt an einer Reihe von Beispielen die Nützlichkeit der LP-Technik für eine Fülle von Problemen.

Wahrscheinlich das älteste Problem dieser Art erscheint in der Literatur bei F. L. Hitchcock ([12] vgl. auch [14] und Kapitel XXIII in [15] von G. B. Dantzig). In den Häfen P_s mögen sich a_s Schiffe befinden. Jeweils b_t Schiffe mögen die Bestimmungshäfen Q_t haben. Wir nehmen an, daß es keine Bedeutung hat, welches Schiff wohin fährt — es sei denn, daß die Fahrtkosten zwischen den verschiedenen Hafenpaaren unterschiedlich groß sind.

Wir bezeichnen die Zahl der Schiffe, die von dem Hafen P_s zum Hafen Q_t fahren, mit y_{st}. Die Kosten für jedes Schiff dieser Route seien bekannt und mögen c_{st} betragen. Unsere Aufgabe besteht jetzt darin, die gesamten Transportkosten zu minimalisieren, d. h. den Ausdruck $\sum_s \sum_t c_{st} y_{st}$, unter den Bedingungen $\sum_s y_{st} = b_t$ (für alle t) und den Bedingungen $\sum_t y_{st} = a_s$ (für alle s) zu minimalisieren, wobei natürlich kein y_{st} negativ sein darf. Wenn wir außerdem noch die Transportkosten zwischen den Häfen jeweils der Menge P oder Q kennen und vielleicht auch die Kosten nach und von Häfen, die weder zu P noch zu Q gehören, dann sind wir in der Lage, die Möglichkeit des Umschlages und des Anlaufens von Zwischenhäfen in Betracht zu ziehen. Schließlich können wir die Lagerkosten und die Be- und Entladungskosten berücksichtigen. Ein einfaches Lösungsverfahren wird in [7a] angegeben.

Dieses Transportproblem ist, wenigstens in seiner einfachsten Form identisch mit der Aufgabe, n Arbeitskräfte auf n Arbeitsplätze so zu verteilen, daß ihre Gesamtleistung maximalisiert wird, wobei die Leistung jeder Arbeitskraft auf jedem Arbeitsplatz bekannt und meßbar sein muß.

Ein Problem aus einem anderen Bereich: Um kräftig und gesund zu bleiben, braucht man wenigstens b_1 Einheiten Fett, b_2 Einheiten Eiweiß und b_3 Einheiten Kohlehydrate. Außerdem weiß man, daß die Mengeneinheit verschiedener Nahrungsmittel F_i jeweils a_{ij} ($j = 1, 2, 3$) Einheiten dieser benötigten Stoffe enthält. Man will sich zu möglichst geringen Kosten verpflegen, jedoch unter Wahrung der ernährungsphysiologischen Erfordernisse. Wenn dann c_i den Preis einer Einheit von F_i und x_i die Menge darstellt, die man einkauft, dann will man also $\sum_i c_i x_i$ minimalisieren, unter den Bedingungen $\sum_i \sum_j a_{ij} x_i \geqq b_j$ für $j = 1, 2, 3$. Wir haben $\geqq$ geschrieben, weil es bisweilen billiger sein kann, von irgendeinem Nahrungsmittel mehr zu kaufen, als dem Minimalbedarf entspricht (vgl. [25]).

In anderen Spielarten ist dies Problem vielleicht realistischer. Ein Beispiel: Jemand will nicht allzuviel Kartoffelstärke zu sich nehmen und ist bereit, sich diese Beschränkung einer Nahrungsmittelart etwas kosten zu lassen. In einem ähnlichen Problem, nämlich dem der Versorgung auf See, zählen nicht primär die Kosten, sondern Volumen und Gewicht. Deshalb muß man die Überversorgung minimalisieren, wofür man die Differenz der beiden Seiten der obigen Ungleichungen erhält.

Linearprogrammierungs-Modelle passen auf noch viele andere Situationen. Ein Kaufmann möchte zu den niedrigsten Preisen einkaufen und seine Waren zu Höchstpreisen verkaufen. Seine Lagerkapazität ist jedoch begrenzt, und das wirkt sich auf verschiedene Waren unterschiedlich aus (vgl. [6]). Benzin läßt sich auf verschiedene Weise und zu verschiedenen Zwecken mischen. Kosten und Verkaufspreise der verschiedenen Benzinarten sind nicht gleich. Bei der Vorbereitung einer Werbekampagne hat man zwischen verschiedenen „Kanälen“ zu wählen, deren Effektivität quantifizierbar ist. Dabei kann man entweder die Kosten minimalisieren oder, umgekehrt, im Rahmen vorgegebener Gesamtkosten, die Wirkung maximalisieren. Ähnliche Beispiele finden sich in [15].

Die meisten, wenn auch nicht alle der angeführten Beispiele entstammen der Volkswirtschaftslehre. Ein letztes Beispiel aus der Betriebswirtschaftslehre: Nehmen wir an, ein Unternehmen könne verschiedene Produktionsprozesse P_j betreiben, deren Intensität meßbar ist. Nehmen wir ferner an, daß der Bedarf an Materialien R_i, die für die Produktionsprozesse benötigt werden, mit der Vergrößerung dieser Intensität proportional steigt. Die Menge des Materials R_i, die für eine Intensitätseinheit des Prozesses P_j benötigt wird, werde mit a_{ij} bezeichnet. Wenn dann P_j mit der (nichtnegativen) Intensität y_j betrieben wird, beträgt der Gesamtbedarf an R_i für alle Prozesse $\sum_j a_{ij} y_j$. Bezeichnen wir den Gewinn aus der Produktionseinheit des Prozesses P_j mit p_j, liegt es auf der Hand, die verschiedenen Produktionszweige mit solchen Intensitäten zu betreiben, daß der Gesamtgewinn $\sum_j p_j y_j$ zum Maximum wird. Dazu komme die Einschränkung, daß von dem Material R_i nicht mehr als die Menge r_i verfügbar ist. Also gilt $\sum_j a_{ij} y_j \leqq r_i$.

Wir haben vorausgesetzt, daß die Gewinne proportional der verkauften Menge sind und daß die Menge der benötigten Materialien für jeden Prozeß der Intensität eben dieses Prozesses proportional ist. Hierher stammt der Name „lineare“, d. h. proportionale Programmierung. In der neueren Literatur ist dieser Begriff ersetzt worden durch „Activity Analysis of Produktion and Allocation“ — Aktivitätsanalyse von

Produktion und Verteilung (so der Titel von [15]). Wir werden jedoch hier den älteren Terminus beibehalten; er ist eine adäquate Bezeichnung für ein wohldefiniertes Problem.

Für weitere Beispiele verweisen wir auf [19]; man vergleiche auch [29], [30]. Wirtschaftswissenschaftler werden zweifellos über die Gültigkeit derartiger Modelle einiges zu sagen haben; wir wollen uns hier indessen nicht in ihr Fach einmischen.

Auf den ersten Blick kann man vermuten, daß Probleme der geschilderten Art mit Hilfe der Differentialrechnung lösbar sind. Es zeigt sich jedoch bald, daß die gesuchten Lösungen im allgemeinen nicht in Punkten liegen, wo ein Differentialquotient gleich 0 wird. Vielmehr liegen sie immer in Randpunkten des Bereichs möglicher Werte der Variablen. Diese Werte dürfen nicht negativ sein. Es ist daher klar, daß besondere Techniken erforderlich sind zur wirksamen Bearbeitung der genannten Probleme.

2. Bevor wir uns den Techniken zuwenden, die für die Linearprogrammierung entwickelt worden sind, müssen wir auf eine Frage eingehen, die sich im Zusammenhang mit praktischen Aufgaben stellt — so etwa bei dem oben erwähnten Werbungsproblem. Nehmen wir an, daß m Konstriktionen vorliegen und eine mit C bezeichnete Linearform minimalisiert werden soll. Diese Linearform können wir als Gesamtkosten eines Produktionsprozesses deuten. Die rechte Seite b_1 der ersten Konstriktion legt die Menge des produzierten Gutes fest. Die verbleibenden $m - 1$ Konstriktionen stellen Nebenbedingungen dar. Jetzt erhebt sich die Frage, ob mehr produziert werden kann als b_1, wenn das Minimum der Kosten C nicht überschritten werden darf. (Siehe [29], Anhang zum ersten Vortrag.)

Lassen wir für einen Augenblick die erste Konstriktion fallen, und betrachten wir alle Werte b_1 und C, die solchen Werten x_i entsprechen, die den verbleibenden Konstriktionen genügen. Wenn dann dem Punkt $x_i = x_i'$ die Werte b_1' und C' entsprechen und dem Punkt $x_i = x_i''$ das Wertepaar b_1'' und C'', dann wird das Wertepaar $tb_1' + (1 - t)\,b_1''$ und $tC' + (1 - t)\,C''$ durch die analoge Kombination von x_i' und x_i'' erzeugt. Tragen wir in einem Kartesischen Koordinatensystem die Größen b_1 und C gegeneinander auf. Die Gesamtheit der Wertepaare (b_1, C), die den letzten $m - 1$ Konstriktionen genügenden Werten der Variablen entsprechen, bilden die Punkte eines konvexen Bereiches.

Für ein gegebenes b_1 ist der kleinste Wert von C gleich der Ordinate des Schnittpunktes einer Parallelen zur Ordinatenachse im Abstand b_1 und der unteren Berandung des konvexen Bereiches. (Abb. IV.1) Es folgt: Wenn b_1 zwischen der Abzisse des Punktes mit dem kleinsten C und dem größtmöglichen b_1 liegt — beides natürlich unter allen Konstriktionen außer der ersten —, dann gibt es kein größeres b_1 für das entsprechende C. Die erforderliche Modifikation dieser Behauptung für den Fall, daß der untere Rand des Bereiches parallel zur Abzisse verläuft, liegt auf der Hand und bedarf keiner Erörterung.

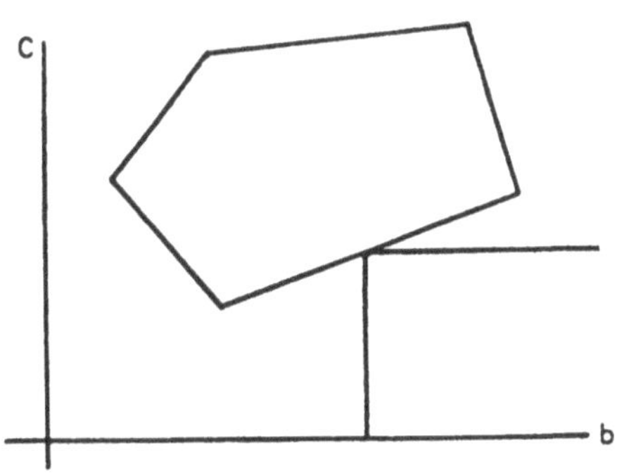

Abb. IV.1

3. Die einzelnen Rechentechniken der Linearprogrammierung führen auf verschiedene Weise zum Ziel. Zuerst werden wir in diesem Kapitel eine Menge nicht-negativer Werte $x_1, \ldots, x_n$ bestimmen, die den Konstriktionen genügen. Darauf suchen wir herauszufinden, ob andere nichtnegative Werte der Variablen einen kleineren Wert von C er-

zeugen. In den Kapiteln VIII und XI führen wir Methoden ein, die von nicht notwendig nicht-negativen Werten ausgehen und die zu Werten führen, die sämtlich nicht-negativ sind.

Die Anzahl m der Gleichungen wird im allgemeinen kleiner sein als die Anzahl n der Variablen. Aber selbst dann sind wir nicht sicher, daß es eine Lösung mit nicht-negativen Variablen gibt. Zum Beispiel mögen die Konstriktionen $x_1 + x_2 = 1$, $x_1 - x_3 = 2$ vorliegen. Durch Substraktion erhält man $x_2 + x_3 = -1$. Es ist unmöglich, diese Beziehung durch nicht-negative Werte zu erfüllen. Zur Vereinfachuug der Erörterung führen wir folgende Begriffe ein:

Eine *Lösung* ist jeder Vektor x_i, der allen Konstriktionen genügt — ohne Rücksicht auf das Vorzeichen der Größen. Es bleibt also die Linearform unberücksichtigt, und daher ist eine Lösung in dem hier definierten Sinne nicht notwendigerweise eine Lösung des Linear-Programmierungs-Problems.

Eine *zulässige Lösung* ist eine Lösung mit nicht-negativen x_i. Eine *Basis* ist ein Satz von m Variablen, dessen Koeffizientenmatrix in den m Konstriktionen nicht singulär ist. In bezug auf diese Basis heißen diese m Variablen *Basisvariablen* und die übrigen *Nicht-Basisvariablen*. Die einer Basis zugeordnete *Basis-Lösung* erhält man, indem man die Nicht-Basisvariablen gleich 0 setzt und die Konstriktionen für die Basisvariablen löst.

Eine *zulässige Basis-Lösung* ist dann selbstverständlich eine Basis-Lösung, die außerdem zulässig ist.

Es käme den Gepflogenheiten der Algebra näher, die Gesamtheit der Vektoren $(a_{u_1 j}, \ldots, a_{u_m j})$ für $j = 1, \ldots, m$ als Basis zu bezeichnen, wie dies z. B. in [9] geschieht. Wir halten es jedoch für angemessener, diesen Terminus dem Satz der entsprechenden Variablen vorzubehalten.

4. Das erste darzustellende Verfahren ist die sogenannte Simplex-Methode nach G. B. Dantzig ([15], Kap. 21). Der

Name leitet sich von dem Zufall her, daß eines der ersten, mit dieser Methode behandelten Probleme die Konstriktionen $\sum_i x_i = 1$, enthalten hat, also die Gleichung eines Simplex in der n-dimensionalen Geometrie. Heute wird der Begriff verwendet für das Verfahren als solches ohne Rücksicht auf die Form der (linearen) Konstriktionen.

Diese Methode besteht aus folgenden Schritten:

Zuerst suchen wir eine zulässige Basis-Lösung. Dann stellen wir fest, ob das Optimum schon erreicht ist. Wenn nicht, entfernen wir eine der Basis-Variablen aus der Basis und führen statt dessen eine andere ein. Die neue Basis wird ebenso behandelt. Diese Prozedur wiederholt man so oft wie erforderlich. Es wird sich zeigen, daß dieses Vorgehen entweder beim Optimum endet oder aber die Konstriktionen einen Widerspruch enthalten; schließlich kann sich herausstellen, daß die Werte der Linearform, die von zulässigen Basis-Lösungen erzeugt werden, unbeschränkt sind — nach unten, wenn die Linearform minimalisiert, und nach oben, wenn sie maximalisiert werden soll.

Ein einfaches Beispiel für die letzte Möglichkeit wird durch $x_1 - x_2 = 0$ gegeben, wobei $x_1 + x_2$ für nicht-negative x_1 und x_2 zu maximalisieren ist.

Nehmen wir an, wir hätten eine zulässige Basis-Lösung gefunden, sei es durch Überlegen, sei es durch die Natur der Aufgabe. Haben wir das nicht, entstehen Schwierigkeiten, die wir in Kapitel VII behandeln werden.

Ein Beispiel soll das Prinzip der Methode klarstellen.

Folgendes Problem sei gegeben:

$$\begin{aligned} -2x_1 + x_2 + x_3 &= 2 \\ x_1 - 2x_2 + x_4 &= 2 \\ x_1 + x_2 + x_5 &= 5 \end{aligned}$$

Die Funktion $x_2 - x_1 = C$ ist für nicht-negative x_i zu minimalisieren. Die Konstriktionen kann man sich aus Ungleichungen entstanden denken, denn die Variablen x_3, x_4 und x_5 kommen je nur in einer der Gleichungen vor.

In diesem Falle zeigt eine einfache Überlegung, daß eine zulässige Basis-Lösung durch $x_1 = 0, x_2 = 0, x_3 = 2, x_4 = 2, x_5 = 5$ gegeben ist. Wir können die Konstriktionen als Gleichungen für die Basis-Variablen, in Abhängigkeit von den Nicht-Basis-Variablen, folgendermaßen ausdrücken:

$$\begin{aligned} x_3 &= 2 + 2\,x_1 - x_2 \\ x_4 &= 2 - x_1 + 2\,x_2 \\ x_5 &= 5 - x_1 - x_2 \end{aligned}$$

Außerdem müssen wir C in Abhängigkeit von den Nicht-Basis-Variablen ausdrücken. Das ist in der vorliegenden Form schon geschehen.

Als nächstes überlegen wir, ob das Minimum von C schon erreicht ist. Nun ist aber der Koeffizient von x_1 in dem Ausdruck für C negativ. Folglich wird eine Vergrößerung von x_1 den Wert von C weiterhin kleiner werden lassen. Wenn wir aber x_1 wachsen lassen, verändern sich x_3, x_4 und x_5, und wir haben darauf zu achten, daß keine dieser Variablen negativ wird. In diesem Stadium besteht diese Gefahr für x_3 nicht, denn ein zunehmendes x_1 läßt auch x_3 zunehmen. Die Betrachtung der übrigen Variablen zeigt, daß x_1 auf den Wert 2 anwachsen kann, wodurch $x_4 = 0$, $x_3 = 6$ und $x_5 = 3$ werden. Das Ergebnis kommt uns nicht ungelegen, denn die Anzahl der positiven Variablen bleibt wiederum 3.

Die neue Basis besteht aus x_1, x_3 und x_5. Auf der nächsten Stufe drücken wir diese Variablen und C in Abhängigkeit von den Nicht-Basis-Variablen x_2 und x_4 aus. Das ist leicht, indem wir die zweite Gleichung nach der neuen Basis-Variablen x_1 auflösen: $x_1 = 2 + 2\,x_2 - x_4$.

Diesen Ausdruck setzen wir in die anderen Gleichungen ein und erhalten:

$$\begin{aligned} x_3 &= 6 + 3\,x_2 - 2\,x_4 \\ x_5 &= 3 - 3\,x_2 + x_4 \\ C &= -2 - x_2 + x_4 \end{aligned}$$

Wir können C weiter abnehmen lassen durch Vergrößerung von x_2. Wir stellen fest, daß nur für x_5 Gefahr besteht, ins Negative überzugehen, wenn x_2 übermäßig anwächst. Wir sehen ferner, daß die Variable x_2 ohne weiteres auf 1 vergrößert werden darf — aber nicht über 1 hinaus. Die Substitution in die anderen Gleichungen liefert $x_1 = 4$ und $x_3 = 9$.

Noch einmal drücken wir die Basis-Variablen und C durch die Nicht-Basis-Variablen aus:

$$\begin{aligned} x_1 &= 4 - x_4/3 - 2\,x_5/3 \\ x_2 &= 1 + x_4/3 - x_5/3 \\ x_3 &= 9 - x_4 - x_5 \\ C &= -3 + 2\,x_4/3 + x_5/3 \end{aligned}$$

Kein weiteres Anwachsen von x_4 oder x_5 würde C abnehmen lassen. Wir haben also die Lösung gefunden. Der niedrigste erreichbare Wert für C beträgt -3. Er wird erzeugt durch $x_1 = 4$, $x_2 = 1$ und $x_3 = 9$.

5. Bei der Durchführung solcher Rechnungen braucht man natürlich nicht alles so detailliert aufzuschreiben, wie wir das hier zum Zwecke der Klärung getan haben. Das Verfahren, das wir vorgeführt haben, kann man ebensogut als Folge von Tableaux darstellen:

		x_1	x_2
		−1	1
x_3	2	−2	1
x_4	2	1*	−2
x_5	5	1	1
	0	1	−1

			x_4	x_2
				1
	x_3	6	2	−3
−1	x_1	2	1	−2
	x_5	3	−1	3*
		−2	−1	1

			x_4	x_5
	x_3	9	1	1
-1	x_1	4	$^1/_3$	$^2/_3$
1	x_2	1	$-^1/_3$	$^1/_3$
		-3	$-^2/_3$	$-^1/_3$

Es empfiehlt sich, sich die Gleichungen so umgeschrieben zu denken, daß alle Variablen auf der linken und nur die Konstanten auf der rechten Seite auftreten. Alle Zeilen bis auf die letzte beziehen sich auf die Basis-Variablen und die Spalten auf die Nicht-Basis-Variablen. Die letzte Zeile stellt den Ausdruck für C dar. Links vor den Basis-Variablen stehen die Werte ihrer Koeffizienten c_i in der ursprünglichen Gleichung für C. Unmittelbar unter den den Nicht-Basis-Variablen entsprechenden Spalten haben wir die ihnen in der ursprünglichen Gleichung für C zugeordneten Koeffizienten eingetragen; Nullen sind weggelassen. Die erste Größe in jeder Zeile rechts von der Bezeichnung der Variablen ist ihr Wert, d. h. die rechte Seite der Gleichung, auf die sich die Zeile bezieht. Die anderen Größen sind die Koeffizienten der Nicht-Basis-Variablen. Die ursprünglichen Koeffizienten in C mitaufzuführen, verhilft zu einer nützlichen Probe: Wie wir im nächsten Kapitel sehen werden, erhalten wir in jeder Spalte den Wert unter dem Strich, wenn wir jede Größe dieser Spalte mit dem Koeffizienten c_i der gleichen Zeile multiplizieren, die so erhaltenen Werte addieren und von dieser Summe den Wert c_j an der Spitze der Spalte subtrahieren. Zum Beispiel: letztes Schema, letzte Spalte: $-^2/_3 + ^1/_3 = -^1/_3$; oder: zweites Schema, letzte Spalte: $(-1)\,(-2) - 1 = 1$.

Bei jedem Schritt macht man eine derjenigen bisherigen Nicht-Basis-Variablen zur Basis-Variablen, für die die Größe unter dem Strich ein positives Vorzeichen hat (bzw. negatives

Vorzeichen, wenn die Linearform maximalisiert werden soll). Gleichzeitig nehmen wir aus der Basis diejenige Variable heraus — oder falls es mehrere gleichwertige gibt: eine von ihnen —, für die das Verhältnis zwischen der Konstanten und dem Koeffizienten der gerade ausgewählten Spalte am kleinsten ist. Zum Beispiel: Im ersten Schema muß x_1 zur Basis-Variablen gemacht werden; da 2:1 kleiner ist als 5:1, macht man x_4 zur Nicht-Basis-Variablen. Die Größe im Schnittpunkt der Spalte, die der neu in die Basis einzuführenden Variablen entspricht, und der Zeile, die der aus der Basis zu eliminierenden Variablen zugeordnet ist, nennen wir *Angelpunkt*. Er ist durch ein Sternchen gekennzeichnet.

Die Transformation eines Tableaus in das nächste kann man auch mit Hilfe eines einfachen Rechenverfahrens vornehmen, das wir in Kapitel VI beschreiben werden.

6. Bei der Lösung konkreter Probleme der Linearprogrammierung ist es von Nutzen, sich die Besonderheiten des vorliegenden Falles klarzumachen. So kann man leicht zeigen, daß bei der Behandlung des oben genannten Transportproblems die Koeffizienten der Nicht-Basis-Variablen in allen Gleichungen und auf allen Stufen der Rechnung, immer gleich 0, 1 oder —1 sind. Folglich ist der Angelpunkt immer 1, und die Anzahl der Schiffe auf den einzelnen Routen ist immer eine ganze Zahl. (Siehe [14] Kapitel XXIII.)

Natürlich sind Probleme, die man mit den Methoden der Linearprogrammierung behandeln *kann*, oft so spezifisch, daß sich andere Methoden als sinnvoller erweisen. Die hier beschriebenen allgemeinen Methoden sind nicht in allen Fällen die geeignetsten. Zum Beispiel ist das Transportproblem so einfach, daß sich zu seiner Lösung Methoden empfehlen, die schneller zum Ergebnis führen.

V. Graphische Darstellung der Linearprogrammierung
(1. Teil)

Um einen Überblick über das Problem der Linearprogrammierung zu gewinnen und die Art der auftretenden Schwierigkeiten zu würdigen, wird der Leser eine graphische Darstellung begrüßen, die sich sowohl auf Ungleichungssysteme in zwei Variablen anwenden läßt als auch auf Gleichungssysteme, wo die Anzahl der Gleichungen um zwei kleiner ist als die der Variablen.

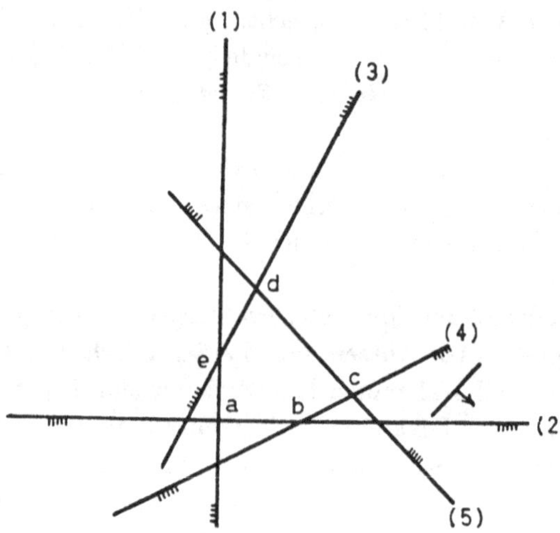

Abb. V.1

Wir betrachten das Beispiel aus Kapitel IV.4, auf das wir uns in diesem Kapitel als Beispiel 1 beziehen wollen. Die nächstliegende geometrische Veranschaulichung ist die Darstellung in Kartesischen Koordinaten x_1 und x_2. Da diese keine negativen Werte annehmen dürfen, ist nur der erste Quadrant von Interesse. Nachdem wir die Konstriktionen nach den Basisvariablen, also in unserem Beispiel nach x_3, x_4 und x_5 gelöst haben, betrachten wir die Gleichungen $x_3 = 0$ usw. als Gleichungen von Geraden. Alle Variablen müssen nicht-negativ sein, daher beschäftigt uns ausschließlich das Gebiet auf einer Seite aller dieser Geraden. In Abb. V.1 sind diese Geraden dargestellt, und die Schraffen bezeichnen die ausgeschlossenen Bereiche. In leicht verständlicher Analogie werden wir von zulässigen Punkten, von Basispunkten usw. sprechen.

Es zeigt sich, daß nur das Polygon a b c d e, einschließlich Ecken und Kanten, zulässig ist, und daß wir den Punkt dieses Polygons suchen, dessen Koordinaten $x_2 - x_1 = C$ minimalisieren. Alle Geraden $C = x_2 - x_1 = \text{const.}$ verlaufen parallel, eine von ihnen ist in das Diagramm eingezeichnet mit einem Pfeil, der die Richtung abnehmenden C's angibt. Folglich ist c der zulässige Punkt, der C minimalisiert. c ist der Schnittpunkt von $x_4 = 0$, also $x_1 - 2\,x_2 = 2$, mit $x_5 = 0$, also $x_1 + x_2 = 5$. Daher sind die Koordinaten von c $x_1 = 4$ und $x_2 = 1$. Der sich ergebende Wert für C ist $1 - 4 = -3$, und kein zulässiger Punkt liefert einen kleineren Wert. Wir sind bereits im vorigen Kapitel zu diesem Ergebnis gekommen und stellen fest, daß die Folge der Tableaus sich in unserer Abbildung durch die Aufeinanderfolge der Punkte $x_1 = x_2 = 0$ (also Punkt a), $x_2 = x_4 = 0$ (also Punkt b) und schließlich $x_4 = x_5 = 0$ (also Punkt c) darstellt.

Die Abbildung zeigt ferner, daß es nur in Sonderfällen geschehen kann, daß der zum Optimum der Linearform führende Punkt auf mehr als zwei Geraden liegt, oder daß es mehrere solcher Punkte gibt.

Es gibt natürlich keinen Grund, warum gerade x_1 und x_2 die Koordinaten des Systems sein sollten und nicht ebensogut irgendein anderes Paar. Klar ist ferner, daß die Darstellung in zwei Dimensionen immer dann benutzt werden kann, wenn es gerade zwei Variable mehr als Konstriktionen gibt.

Wenden wir diese Methode an auf das Spiel:

$$\begin{pmatrix} 4 & 1 & 3 \\ 2 & 3 & 4 \end{pmatrix},$$

das uns schon vertraut ist. Dann ist das Linearprogrammierungs-Problem des Spielers A folgendermaßen zu schreiben:

$$\begin{aligned} x_1 + x_2 \qquad\qquad &= 1 \\ 4x_1 + 2x_2 - x_3 - \nu &= 0 \\ x_1 + 3x_2 - x_4 - \nu &= 0 \\ 3x_1 + 4x_2 - x_5 - \nu &= 0. \end{aligned}$$

Es gilt, ν für nicht negative $x_1, \ldots, x_5$ zu maximalisieren; ν kann positiv, negativ oder gleich 0 sein.

Wenn wir jetzt x_1 und ν zu kartesischen Koordinaten machen und alle anderen Variablen in Abhängigkeit von diesen ausdrücken, kommen wir wieder zu Abbildung II.1. Es ist jedoch zu beachten, daß die Gerade $\nu = 0$ keine Begrenzung des Bereiches zulässiger Punkte darstellt.

Wir wenden uns jetzt Beispielen zu, die dem Leser einige der sich möglicherweise ergebenden Schwierigkeiten vor Augen führen sollen. Diese Beispiele werden nur wenig vom Beispiel 1 abweichen, aber die Abweichungen reichen hin, um wesentliche Aspekte in einem anderen Licht erscheinen zu lassen.

Eins der Hauptkennzeichen von Beispiel 1 war die Tatsache, daß der Ursprung des Koordinatensystems, nämlich $x_1 = x_2 = 0$ ein zulässiger Punkt war. Wir wenden uns nun einem Fall zu, wo dies nicht zutrifft und wo es schwierig sein kann, einen zulässigen Punkt durch einfache Betrachtung der Konstriktionen aufzufinden.

Beispiel 2:

$$\begin{aligned} -2x_1 + x_2 + x_3 &= -2 \\ x_1 - 2x_2 + x_4 &= 2 \\ x_1 + x_2 + x_5 &= 5 \end{aligned}$$

Minimalisiere $x_2 - x_1$.

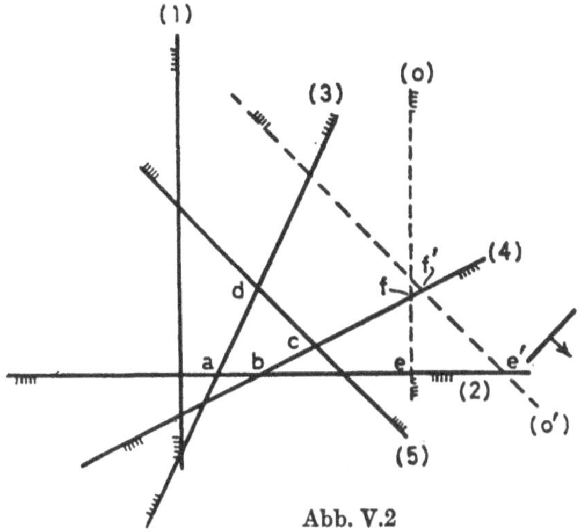

Abb. V.2

Abbildung V.2 zeigt zwei gestrichelte Geraden (0) und (0′), die uns jetzt noch nicht interessieren sollen.

Beispiel 3:

$$\begin{aligned} -2x_1 + x_2 + x_3 &= 2 \\ -x_1 + 2x_2 - x_4 &= 8 \\ x_1 + x_2 + x_5 &= 5 \end{aligned}$$

Minimalisiere $x_2 - x_1$.

Die Konstriktionen sind hier widersprüchlich für nichtnegative Variablen. Das läßt sich zeigen, indem man sie der Reihe nach multipliziert mit 1, -1 und 1 und sie dann addiert. Wir erhalten $x_3 + x_4 + x_5 = -1$, was offensichtlich unmöglich ist. Wenn wir die Schraffuren in Abbildung V.3 betrachten, zeigt sich, daß es in der Tat nirgendwo einen zulässigen Punkt in der Ebene gibt.

Das nächste Beispiel erläutert einen Fall, wo ein zulässiger Punkt gleichzeitig auf drei Geraden liegt. Wenn dieser Punkt

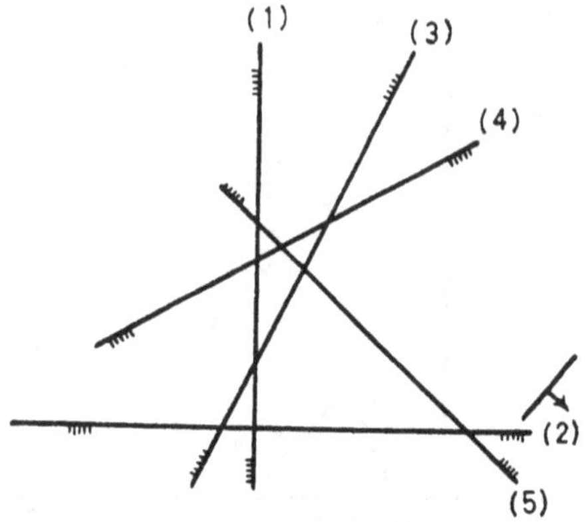

Abb. V.3

als eine Basis betrachtet wird, verschwindet selbstverständlich eine der Basisvariablen, weil es nicht genug Geraden gibt, von denen der Punkt einen positiven Abstand hat.

Beispiel 4:

$$\begin{aligned} 2x_1 - x_2 + x_3 &= 4 \\ x_1 - 2x_2 + x_4 &= 2 \\ x_1 + x_2 + x_5 &= 5 \end{aligned}$$

Minimalisiere $x_2 - x_1$.

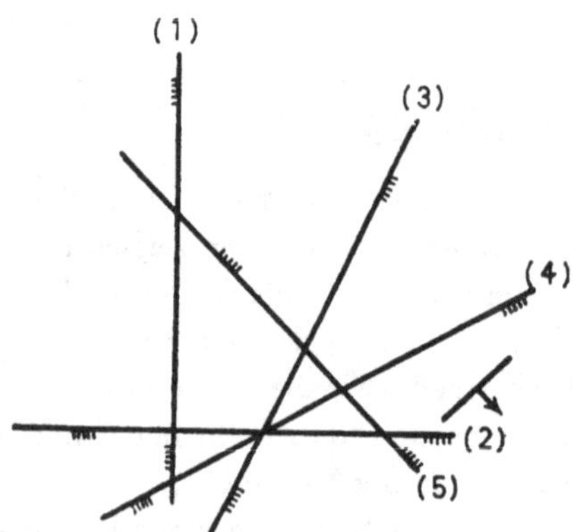

Abb. V.4

Schließlich betrachten wir das folgende Beispiel 5:

$$\begin{aligned} -2x_1 + x_2 + x_3 &= 2 \\ x_1 - x_2 + x_4 &= 2 \\ x_1 + x_2 + x_5 &= 5 \end{aligned}$$

Minimalisiere $x_2 - x_1$.

In diesem Fall verläuft die Gerade $x_4 = 0$ parallel zu der Geraden $x_2 - x_1 = 0$, und daher erzeugen alle zulässigen Punkte von $x_4 = 0$ den gleichen Minimalwert der Linearform.

Die algebraischen Konsequenzen solcher Schwierigkeiten und Besonderheiten wollen wir in Kapitel VII betrachten. Das folgende Kapitel beschäftigt sich mit einfachen Fällen wie Beispiel 1.

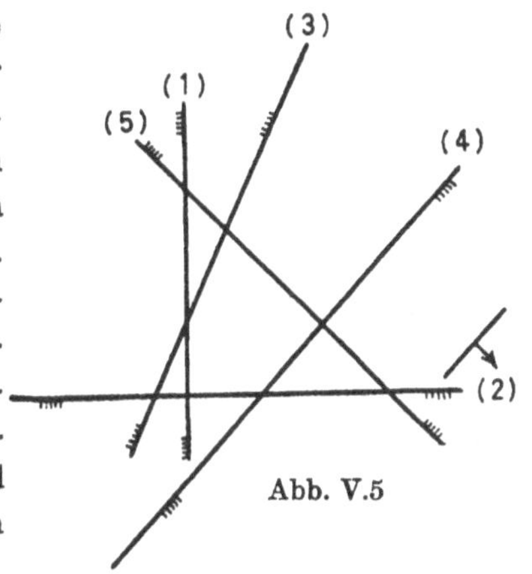

Abb. V.5

VI. Algebra der Simplex-Methode

1. In Kapitel IV haben wir die Simplex-Methode eingeführt; im vorliegenden Kapitel leiten wir ihre grundlegenden Merkmale mit algebraischen Mitteln ab.

Man hat Systeme linearer Ungleichungen untersucht, sofern keine Optimalisierungsforderungen vorliegen; der Leser findet einschlägige Titel in der Bibliographie von [15].

Wir können hier nicht in die Einzelheiten gehen, denn diese Beiträge enthalten keine praktischen numerischen Methoden.

Wir betrachten das Problem, das wir in Kapitel IV.1 durch die Gleichungen (1) und (2) definiert haben, und nehmen an, daß schon eine zulässige Basislösung gefunden worden ist. Wir bezeichnen die Basisvariablen mit $x_{u_1}, \ldots, x_{u_m}$ und die Nicht-Basisvariablen mit $x_{u_{m+1}}, \ldots, x_{u_n}$.

Die m Konstriktionen können wir in folgender Form schreiben:

$$a_{u_1 j} x_{u_1} + \cdots + a_{u_m j} x_{u_m} = b_j - (a_{u_{m+1} j} x_{u_{m+1}} + \cdots + a_{u_n j} x_{u_n}), \quad (1)$$

wobei $j = 1, \ldots, m$. Wenn wir dieses System nach den Basisvariablen auflösen, erhalten wir

$$x_{u_s} = \sum_{t=1}^{m} d_{t_s} \left[b_t - \sum_{k=1}^{n-m} a_{u_{m+k} t} x_{u_{m+k}} \right] \quad (2)$$

für $s = 1, \ldots, m$.

Die d_{ts} sind die Elemente der Matrix, die die Inverse der Matrix der linken Seite der in (1) formulierten Konstriktionen darstellt. Diese letztere Matrix nennen wir die „Koeffizienten-Matrix" der Basisvariablen. Die d_{ts} haben die grundlegende Eigenschaft, daß $\sum_s a_{u_s j} d_{ts} = 1$ für $j = t$ und sonst $= 0$. Ebenso ist $\sum_t a_{u_s t} d_{tr} = 1$ für $r = s$ und sonst $= 0$.

In Gleichung (2) treten ferner Ausdrücke auf von der Form $\sum_{t=1}^{m} a_{u_{m+k} t} d_{ts}$, die wir mit $z_{u_s u_{m+k}}$. bezeichnen. Aus Gründen der Einheitlichkeit schreiben wir $\sum_{t=1}^{m} d_{ts} b_t = z_{u_s 0}$ und kommen dann mit Hilfe von (2) zu

$$x_{u_s} = z_{u_s 0} - \sum_{k=1}^{n-m} z_{u_s u_{m+k}} x_{u_{m+k}}. \quad (2a)$$

Mit Hilfe der Eigenschaften der d_{ts} kann man zeigen, daß die $z_{u_s u_{m+k}}$ folgenden Bedingungen genügen:

$$a_{u_{m+k} j} = a_{u_1 j} z_{u_1 u_{m+k}} + \cdots + a_{u_m j} z_{u_m u_{m+k}} \quad (3)$$

für

$$j = 1, \ldots, m; \; k = 1, \ldots, n - m.$$

Außerdem möchten wir die Linearform in Abhängigkeit von Nicht-Basisvariablen ausdrücken. Deshalb ersetzen wir die Basis-Variablen und erhalten

$$C = \sum_{s=1}^{m} c_{u_s} z_{u_s 0} + \sum_{k=1}^{n-m} \left[c_{u_{m+k}} - \sum_{s=1}^{m} c_{u_s} z_{u_s u_{m+k}} \right] x_{u_{m+k}}. \quad (4)$$

Dieser Ausdruck läßt sich umformen in

$$C = z_{00} - \sum_{k=1}^{n-m} z_{0 u_{m+k}} x_{u_{m+k}}, \quad (4a)$$

wobei:

$$z_{00} = \sum_{s=1}^{m} c_{u_s} z_{u_s 0} \text{ und } z_{0 u_{m+k}} = \sum_{s=1}^{m} c_{u_s} z_{u_s u_{m+k}} - c_{u_{m+k}}.$$

Wenn die $x_{u_{m+k}}$ gleich null sind, sind die x_{u_s} gleich $z_{u_s 0}$; der Wert von C ist gleich z_{00}, was natürlich gleich der Summe dieser, je mit ihrem Koeffizienten c_{u_s} multiplizierten Größen ist.

In diesem Kapitel setzen wir voraus, daß die $z_{u_s 0}$ streng positiv sind.

Aus (4a) läßt sich entnehmen: wenn alle $z_{0 u_{m+k}}$ positiv oder gleich null sind, kann C nicht weiter verkleinert werden, indem man irgendeine der Nicht-Basis-Variablen vergrößert. Wenn andererseits ein $z_{0 u_{m+k}}$ negativ ist, läßt ein Anwachsen der entsprechenden Nicht-Basis-Variablen C abnehmen. Dieser Sachverhalt ist verschiedentlich beschrieben worden durch folgende Auslegung von (3): Ein Vorgang, der durch $x_{u_{m+k}}$ beschrieben wird, ist gleichwertig der Kombination der durch x_{u_s} beschriebenen Vorgänge mit den Gewichten $z_{u_s u_{m+k}}$; C läßt sich reduzieren, wenn die „Kosten", d. h. der Koeffizient des Einzelvorganges $x_{u_{m+k}}$, kleiner sind als der des gleichwertigen kombinierten Vorganges, wie sie sich jeweils an Hand der Basis-Variablen aufrechnen.

Wenn es mehr als eine Variable gibt, die man mit Vorteil vergrößern kann, hat man unter ihnen freie Wahl. Es läßt sich keine einfache Regel angeben, nach der man das Endergebnis mit Sicherheit durch die kleinste Anzahl von Schritten erreicht; als Faustregel hat sich jedoch bewährt, die Variable mit dem kleinsten, „negativsten" Koeffizienten zu wählen.

Dieser Vorgang wird wiederholt. Wenn alle Koeffizienten der Nicht-Basis-Variablen positiv oder gleich null sind, hat man das Endergebnis ermittelt.

2. Wenn wir eine der Nicht-Basis-Variablen — sagen wir $x_{u_{m+h}}$ — von null auf $x'_{u_{m+h}}$ anwachsen lassen, nimmt x_{u_s} den Wert an (siehe (2))

$$x'_{u_s} = z_{u_s 0} - z_{u_s u_{m+h}} x'_{u_{m+h}}.$$

Wenn jetzt $z_{u_s u_{m+h}}$ negativ ist, wächst mit $x_{u_{m+h}}$ auch x_{u_s} und bleibt dabei positiv. Wenn indessen der Koeffizient positiv ist, dürfen wir den Wert von $x_{u_{m+h}}$ nicht über den Betrag $z_{u_s 0}/z_{u_s u_{m+h}}$ steigen lassen. Da keine der Basis-Variablen negativ werden darf, machen wir $x'_{u_{m+h}}$ dem kleinsten der Verhältnisse $z_{u_s 0}/z_{u_s u_{m+h}}$ $(s = 1, \ldots, m)$ mit positivem Nenner gleich. Wenn das kleinste Verhältnis sich für $s = r$ ergibt, ist es die Variable x_{u_r}, die zu null gemacht wird, und die deshalb aus der Basis ausscheidet, indem man $x_{u_{m+h}} = z_{u_r 0}/z_{u_r u_{m+h}}$ setzt. Die anderen Basis-Variablen nehmen dann die Werte

$$z_{u_s 0} - z_{u_s u_{m+h}} \frac{z_{u_r 0}}{z_{u_r u_{m+h}}}$$

an und bleiben weiterhin positiv; in Sonderfällen werden sie gleich null. Die neue Basis ist die gleiche wie vorher, x_{u_r} ist lediglich durch $x_{u_{m+h}}$ ersetzt*). Wir drücken die neuen Basis-Variablen durch die neuen Nicht-Basis-Variablen aus, tun das gleiche in der Linearform und beginnen den nächsten Schritt der Rechnung.

---

*) Aus dem Beweis in Abschnitt 7 dieses Kapitels folgt, daß es sich wirklich um eine Basis im Sinne unserer Definition handelt.

3. Auf jeder Stufe haben wir es mit einem System von Konstriktionen zu tun, die sich, wenn wir alle Variablen auf die linke Seite schaffen, folgendermaßen schreiben lassen:

$$x_{u_s} + \sum_{k=1}^{n-m} z_{u_s u_{m+k}} x_{u_{m+k}} = z_{u_s 0} \quad (s = 1, \ldots, m)$$

$$C + \sum_{k=1}^{n-m} z_{0\,u_{m+k}}\, x_{u_{m+k}} = z_{00}.$$

Diese Gleichungen lassen sich durch folgendes Tableau darstellen:

			$\underline{x_{u_{m+1}}}$	$\underline{x_{u_{m+h}}}$	$\underline{x_{u_n}}$
			$c_{u_{m+1}}$	$c_{u_{m+h}}$	c_{u_n}
c_{u_1}	$\underline{x_{u_1}}$	$z_{u_1 0}$	$z_{u_1 u_{m+1}}$	$z_{u_1 u_{m+h}}$	$z_{u_1 u_n}$
c_{u_r}	$\underline{x_{u_r}}$	$z_{u_r 0}$	$z_{u_r u_{m+1}}$	$z_{u_r u_{m+h}}$	$z_{u_r u_n}$
c_{u_m}	$\underline{x_{u_m}}$	$z_{u_m 0}$	$z_{u_m u_{m+1}}$	$z_{u_m u_{m+h}}$	$z_{u_m u_n}$
	$\underline{C}$	z_{00}	$z_{0\,u_{m+1}}$	$z_{0\,u_{m+h}}$	$z_{0\,u_n}$

Die unterstrichenen Symbole bezeichnen die Spalten und die Zeilen; alles andere sind numerische Größen. Die $z_{u_s 0}$ sind positiv. Die $c_{u_1}, \ldots, c_{u_n}$ sind die Koeffizienten in C in seiner ursprünglichen Form. Wenn die Basis-Variablen nicht in der ursprünglichen Form der Linearform auftreten, dann ist im ersten Schema $z_{00} = 0$ und $z_{0\,u_{m+k}} = -\,c_{u_{m+k}}$. Dies war der Fall im Beispiel 1 der Kapitel IV und V.

Wenn wir die Linearform minimalisieren (bzw. maximalisieren) wollen, dann kennzeichnet positives (bzw. negatives) $z_{0\,u_{m+k}}$ eine Variable $x_{u_{m+k}}$, die in die Basis hereingebracht werden kann. Wir erinnern daran, daß die Größen des obigen Tableaus mit Ausnahme von z_{00} und $z_{u_s 0}$ die negativen Koeffizienten in den Gleichungen (2) und (4) sind. Wenn man sich etwa für $x_{u_{m+h}}$ entschieden hat, dividieren wir $z_{u_s 0}$ durch

$z_{u_s u_{m+h}}$ in den Zeilen, in denen dieser letzte Wert positiv ist, und nehmen dasjenige x_{u_s} aus der Basis heraus, dem der kleinste dieser Quotienten zugeordnet ist. In diesem Kapitel gehen wir davon aus, daß nicht zwei Größen, auf Grund des gleichen Quotienten, miteinander in Konkurrenz treten.

Bei unserem Vorgehen — bei der Veränderung des Systems der Variablen auf jeder Stufe — könnten wir im Prinzip das System der Konstriktionen immer wieder nach den Variablen auflösen, die zur Basis werden, und dann jeweils ein neues Tableau aufstellen. Zum Glück ist diese schwerfällige Prozedur unnötig, denn es gibt Regeln, mit deren Hilfe ein Tableau einfach in das nächste transformiert werden kann.

4. Wir bezeichnen jetzt die aus der Basis zu eliminierende Variable mit x_{u_r}, die in die Basis einzuführende mit $x_{u_{m+h}}$. Dann ist $z_{u_r u_{m+h}} > 0$.
Aus der Gleichung

$$x_{u_r} + \sum_{k=1}^{n-m} z_{u_r u_{m+k}} x_{u_{m+k}} = z_{u_r 0}$$

erhalten wir zunächst

$$x_{u_{m+h}} + \sum_{k=1 \neq h}^{n-m} \frac{z_{u_r u_{m+k}}}{z_{u_r u_{m+h}}} x_{u_{m+k}} + \frac{1}{z_{u_r u_{m+h}}} x_{u_r} = \frac{z_{u_r 0}}{z_{u_r u_{m+h}}},$$

und wenn wir den Ausdruck $x_{u_{m+h}}$ in die anderen Gleichungen einsetzen:

$$x_{u_s} + \sum_{k=1 \neq h}^{n-m} \left[z_{u_s u_{m+k}} - \frac{z_{u_r u_{m+k}}}{z_{u_r u_{m+h}}} z_{u_s u_{m+h}} \right] x_{u_{m+k}} - \frac{z_{u_s u_{m+h}}}{z_{u_r u_{m+h}}} x_{u_r}$$
$$= z_{u_s 0} - \frac{z_{u_r 0}\, z_{u_s u_{m+h}}}{z_{u_r u_{m+h}}}$$

wobei $s = 1, \ldots, m$, aber $\neq r$. Die Gleichung für C hingegen kann in dieselbe Gleichung überführt werden, indem wir x_{u_s} durch C ersetzen und alle u_s durch 0, sofern u_s als Index eines z auftritt.

Wir schreiben die neue Zeile für $x_{u_{m+h}}$ an die Stelle, wo vorher x_{u_r} gestanden hat, und ferner die neue Spalte für x_{u_r} dahin, wo vorher $x_{u_{m+h}}$ stand.

Führen wir folgende Abkürzungen ein:

S_s für $z_{u_s u_{m+h}} / z_{u_r u_{m+h}}$ wenn $s \neq r$,
S_r für $-1/z_{u_r u_{m+h}}$, und
S_0 für $z_{0 u_{m+h}} / z_{u_r u_{m+h}}$.

Ferner wollen wir schreiben:

T_k für $z_{u_r u_{m+k}} / z_{u_r u_{m+h}}$ wenn $k \neq h$,
T_h für $1/z_{u_r u_{m+h}}$, und
T_0 für $z_{u_r 0}/z_{u_r u_{m+h}}$.

Die Größe $z_{u_r u_{m+h}}$, die in allen diesen Gleichungen auftritt, ist der Angelpunkt.

Mit Hilfe dieser Symbole sieht das neue Tableau folgendermaßen aus:

			$\underline{x_{u_{m+k}}\ (k \neq h)}$	$\underline{x_{u_r}}$
			$c_{u_{m+k}}$	c_{u_r}
$(s \neq r)$ c_{u_s}	$\underline{x_{u_s}}$	$z_{u_s 0} - S_s z_{u_r 0}$	$z_{u_s u_{m+k}} - S_s z_{u_r u_{m+k}}$	$-S_s$
$c_{u_{m+h}}$	$\underline{x_{u_{m+h}}}$	$-S_r z_{u_r 0}$	$-S_r z_{u_r u_{m+k}}$	$-S_r$
	$\underline{C}$	$z_{00} - S_0 z_{u_r 0}$	$z_{0 u_{m+k}} - S_0 z_{u_r u_{m+k}}$	$-S_0$

Oder auch so:

$(s \neq r)$ c_{u_s}	$\underline{x_{u_s}}$	$z_{u_s 0} - T_0 z_{u_s u_{m+h}}$	$z_{u_s u_{m+k}} - T_k z_{u_s u_{m+h}}$	$-z_{u_s u_{m+h}} T_h$
$c_{u_{m+h}}$	$\underline{x_{u_{m+h}}}$	T_0	T_k	T_h
	$\underline{C}$	$z_{00} - T_0 z_{0 u_{m+h}}$	$z_{0 u_{m+k}} - T_k z_{0 u_{m+h}}$	$-z_{0 u_{m+h}} T_h$

Beide Formen sind brauchbar. Es bleibt dem Leser überlassen, sie mit Worten zu beschreiben und sein Wissen an den Tableaux in Kapitel IV zu erproben, die die Transformationsregeln erläutern. Diese Regeln vereinfachen sich stark, wenn eine 0 in der Spalte oder in der Zeile des Angelpunktes auftritt. Im ersten Fall bleibt die ganze Zeile unverändert, in zweiten die ganze Spalte.

Wenn wir die Transformation durchgeführt haben, können wir das neue Tableau prüfen, und zwar mit Hilfe der Formel, die $z_{0u_{m+k}}$ definiert, wobei die u_s jetzt die Indices der neuen Basis-Variablen und die u_{m+k} die Indices der neuen Nicht-Basis-Variablen sind.

5. Die Variable, die wir in die Basis eingeführt haben, nämlich $x_{u_{m+h}}$, hat jetzt den Wert $z'_{u_{m+h}0} = z_{u_r0} / z_{u_ru_{m+h}}$. Die Linearform reduziert sich dann um $z'_{u_{m+h}0} \cdot z_{0u_{m+h}}$. Wenn der zweite Faktor negativ ist, ist diese „Reduktion“ gleichfalls negativ, d. h. der Wert der Linearform nimmt zu. Das geschieht, wenn wir die Linearform maximalisieren wollen. Wenn der neue Wert nicht gleich null ist, verändert sich die Linearform von Tableau zu Tableau, und zwar stets in gleicher Richtung. Da es aber nur eine endliche Zahl von zulässigen Basis-Lösungen gibt, kann diese Veränderung nicht unendlich weitergehen, weil wir nie zu einem früheren Wert der Linearform zurückkommen. Folglich muß dieser Prozeß nach endlich vielen Schritten sein Ende finden*).

(Den Fall, daß der Wert der neuen Basis-Variablen oder irgendeiner anderen Basis-Variablen gleich 0 wird, untersuchen wir in Kapitel VII.)

6. Bis auf bestimmte Schwierigkeiten, die das nächste Kapitel behebt, können wir die Beschreibung der Simplex-Methode abschließen. Die Rechentechnik braucht nicht bis

*) Einige Basis-Variable, die aus einer zulässigen Basis-Lösung entfernt worden sind, können aber dennoch in einer späteren zulässigen Basis-Lösung wieder auftreten.

in alle Einzelheiten der hier dargestellten zu folgen. Es ist von Nutzen, eine Variante dieser Rechentechnik zu beschreiben. Eine feinere Analyse der Simplex-Methode zeigt, daß die Größen $z_{0\,u_{m+k}}$ bei jedem Schritt über die Auswahl der neuen Basis-Variablen entscheiden und daß — gesetzt, die Wahl ist auf $x_{u_{m+h}}$ gefallen — nur die Werte $z_{u_s 0}$ und $z_{u_s u_{m+h}}$ von Bedeutung sind. Daher kann man die Frage stellen, ob sich diese interessanten Werte nicht auch auf eine andere Weise finden lassen. Es gibt in der Tat eine weitere Methode, nämlich die *Methode der inversen Matrix*; der Sinn dieser Bezeichnung wird sofort klar werden. Der Übersichtlichkeit wegen wiederholen wir folgende Definitionen:

$$z_{u_s 0} = \sum_{t=1}^{m} d_{ts} b_t, \quad z_{u_s u_{m+k}} = \sum_{t=1}^{m} d_{ts}\, a_{u_{m+k} t}$$

$$z_{0\,u_{m+k}} = \sum_{s=1}^{m} c_{u_s} z_{u_s u_{m+k}} - c_{u_{m+k}}, \quad z_{00} = \sum_{s=1}^{m} c_{u_s} z_{u_s 0}.$$

Betrachten wir die Matrix (M):

$$\begin{pmatrix} b_1 & a_{11} & \dots & a_{n1} & 0 \\ \vdots & \vdots & \ddots & \vdots & \vdots \\ b_m & a_{1m} & \dots & a_{nm} & 0 \\ 0 & -c_1 & \dots & -c_n & 1 \end{pmatrix} = (M)$$

Wir nennen ihre Spalten, der Reihe nach, die 0-te, 1-te, ..., n-te, die „letzte".

Die Basis-Variablen seien $x_{u_1}, \dots, x_{u_m}$. Aus (M) ziehen wir die Matrix (A) heraus:

$$\begin{pmatrix} a_{u_1 1} & \dots & a_{u_m 1} & 0 \\ \vdots & \ddots & \vdots & \vdots \\ a_{u_1 m} & \dots & a_{u_m m} & 0 \\ -c_{u_1} & \dots & -c_{u_m} & 1 \end{pmatrix} = (A)$$

Wir berechnen die Inverse von (A), also:

$$\begin{pmatrix} d_{11} & \dots & d_{m1} & 0 \\ \vdots & \ddots & \vdots & \vdots \\ d_{1m} & \dots & d_{mm} & 0 \\ \sum\limits_s c_{u_s} d_{1s} & \dots & \sum\limits_s c_{u_s} d_{ms} & 1 \end{pmatrix} = (A)^{-1}$$

Läßt man die letzte Zeile und die letzte Spalte von (A) weg, bleibt die Koeffizientenmatrix der Basis-Variablen übrig. Ihre Inverse ist die Matrix, die man durch Streichung der letzten Zeile und der letzten Spalte aus $(A)^{-1}$ gewinnt. Das innere Produkt*) der α-ten Zeile von $(A)^{-1}$ und der β-ten Spalte von (A) ist natürlich gleich 0, wenn $\alpha \neq \beta$, und gleich 1, wenn $\alpha = \beta$. Wenn wir jedoch das innere Produkt bilden aus der letzten Zeile von $(A)^{-1}$ und der u_{m+k}-ten Spalte, die nicht in (A) vorkommt, erhalten wir

$$\sum_s \sum_t c_{u_s} d_{ts} a_{u_{m+k} t} + 1 \,.\, (-c_{u_{m+k}})$$
$$= \sum_s c_{u_s} z_{u_s u_{m+k}} - c_{u_{m+k}} = z_{0\, u_{m+k}}.$$

Berechnen wir alle diese inneren Produkte, können wir die Variable $x_{u_{m+h}}$ wählen und in die Basis einführen. Dann müssen wir x_{u_r} suchen, also die aus der Basis zu eliminierende Variable. Dazu brauchen wir die $z_{u_s 0}$ und die $z_{u_s u_{m+h}}$. Zu diesen gelangen wir, indem wir der Reihe nach die inneren Produkte der Zeilen von $(A)^{-1}$ und der 0-ten und der u_{m+h}-ten Spalte von (M) bilden. Wir stellen außerdem fest, daß das innere Produkt der letzten Zeile von $(A)^{-1}$ und der 0-ten Spalte von (M)

$$\sum_s \sum_t c_{u_s} d_{ts} b_t = \sum_s c_{u_s} z_{u_s 0} = z_{00}$$

ergibt.

Die Matrizen (M) und (A) lassen sich leicht aus den Konstanten der Konstriktionen und der Linearform gewinnen.

---

*) Das innere Produkt eines Vektors $(a_1, \dots, a_n)$ und eines Vektors $(b_1, \dots, b_n)$ wird durch die Summe $a_1 b_1 + \dots + a_n b_n$ definiert.

Die letzte Spalte von (A) besteht aus Nullen und einer Eins am Ende. Außerdem gilt es zu ermitteln, wie die inverse Matrix des nächsten Schrittes durch eine einfache Rechnung bestimmt werden kann. Das geschieht durch die gleiche Transformation wie bei den Tableaux der Simplex-Methode. Wenn wir die erste Form dieser Transformation zugrunde legen, können wir die nächste Inverse als das Produkt zweier Matrizen schreiben, nämlich:

$$\begin{bmatrix} 1 & 0 \,.\,. & -S_1 & .\,.\, 0 \\ 0 & 1 \,.\,. & -S_2 & .\,.\, 0 \\ \vdots & \vdots & \vdots & \vdots \\ 0 & 0 \,.\,. & -S_r & .\,.\, 0 \\ \vdots & \vdots & \vdots & \vdots \\ 0 & 0 \,.\,. & -S_m & .\,.\, 0 \\ 0 & 0 \,.\,. & -S_0 & .\,.\, 1 \end{bmatrix} \times (A)^{-1}$$

Der Beweis ist einfach und kann übergangen werden. Man führt ihn, indem man das Produkt der neuen Inversen und der neuen Matrix (A) bildet, wobei diese Matrix (A) sich von der vorhergehenden nur dadurch unterscheidet, daß überall der Index u_r durch den Index u_{m+h} ersetzt ist. Das Ergebnis liegt auf der Hand, wenn man sich der Definition von S_s usw. erinnert.

7. Wir haben eben gesehen, daß die inverse Matrix bei jedem Schritt von links mit einer anderen Matrix multipliziert wird, deren Determinante der Wert $-S_r$ hat; das ist der reziproke Wert des Angelpunktes, und dieser Wert ist stets positiv. Wenn wir daher mit einer nicht-singulären Matrix anfangen, wird keine der späteren Koeffizienten-Matrizen singulär sein. Die Determinante muß nicht positiv sein, denn ihr Vorzeichen hängt von der Reihenfolge ab, in der Zeilen und Spalten angeordnet sind.

8. Zur Erläuterung bedienen wir uns wiederum des Beispiels 1 aus Kapitel IV. Wir haben:

$$(M) = \begin{pmatrix} 2 & -2 & 1 & 1 & 0 & 0 & 0 \\ 2 & 1 & -2 & 0 & 1 & 0 & 0 \\ 5 & 1 & 1 & 0 & 0 & 1 & 0 \\ 0 & 1 & -1 & 0 & 0 & 0 & 1 \end{pmatrix}$$

und:

$$(A) = (A)^{-1} = \begin{pmatrix} 1 & 0 & 0 & 0 \\ 0 & 1 & 0 & 0 \\ 0 & 0 & 1 & 0 \\ 0 & 0 & 0 & 1 \end{pmatrix} \begin{matrix} (x_3) \\ (x_4) \\ (x_5) \\ \end{matrix}$$

z_{u_s0}	z_{u_s1}	S_s
2	−2	−2
2	1	−1
5	1	1
0	1	1

(Die Bedeutung der Größen rechts von der gestrichelten Linie wird sich bald klären.)

Inneres Produkt der letzten Zeile von $(A)^{-1}$ und den Spalten von (M), die nicht in (A) auftreten:

z_{u_s0}	z_{u_s1}	S_s
0	1	−1
	(x_1)	(x_2)

Also ist die neue Basis-Variable x_1.

Wir fahren fort und bilden die inneren Produkte der Zeilen von $(A)^{-1}$ mit der nullten und der ersten Spalte von (M). Wir erhalten z_{u_s0} sowie z_{u_s1}. Die Ergebnisse tragen wir oben in die entsprechenden Spalten, rechts von der gestrichelten Linie ein. Das kleinste Verhältnis z_{u_s0}/z_{u_s1} mit positivem Nenner ist das für $u_s = 4$. Wir können jetzt die S_s und S_0 ermitteln, die wir in der letzten Spalte rechts aufgeführt haben.

Das nächste Tableau sieht folgendermaßen aus:

					z_{u_s0}	z_{u_s2}		S_s
(x_3)	1	2	0	0	6	−3		−1
(x_1)	0	1	0	0	2	−2		$-^2/_3$
(x_5)	0	−1	1	0	3	3		$-^1/_3$
	0	−1	0	1	−2	1		$^1/_3$
					−2	1	−1	
						(x_2)	(x_4)	

Folglich wird x_2 zur Basis-Variablen gemacht. Wir berechnen $z_{u_s 2}$ (siehe Tableau), finden als neue Nicht-Basis-Variable x_5 und berechnen dann S_s (siehe Tableau). Auf ähnliche Weise erhalten wir:

					$z_{u_s 0}$		
(x_3)	1	1	1	0	9		
(x_1)	0	$^1/_3$	$^2/_3$	0	4		
(x_2)	0	$-^1/_3$	$^1/_3$	0	1		
	0	$-^2/_3$	$-^1/_3$	1	-3		
					-3	$-^2/_3$	$-^1/_3$
						(x_4)	(x_5)

Dies ist das Schlußtableau, weil sowohl z_{04} als auch z_{05} negativ sind, nämlich $-^2/_3$ und $-^1/_3$.

9. Wir müssen darauf hinweisen, daß die inversen Matrizen $(A)^{-1}$ bereits implizit in dem Simplex-Tableau enthalten sind, wenn wir, wie es sich oft ergibt, mit solchen Variablen beginnen, deren Koeffizienten-Matrix die Einheits-Matrix ist, und die nicht in der ursprünglichen Linearform auftreten. Um dies zu explizieren, erinnern wir an Formel (3) dieses Kapitels. Wir können Werte $z_{u_s u_t}$ definieren für $t = 1, \ldots, m$, die ähnlichen Gleichungen genügen. Dann ist evident, daß $z_{u_s u_t} = 1$, wenn $s = t$, und daß $z_{u_s u_t} = 0$, wenn $s \neq t$.

Wir führen jetzt — im Gegensatz zu dem obigen Begriff eines *verkürzten* — den des *erweiterten Simplex-Tableaus* ein, das für jede Variable eine Spalte besitzt und folgendermaßen aussieht:

			$\underline{x_1}$ . . . $\underline{x_n}$			
			c_1	. . .	c_n	
c_{u_1}	$\underline{x_{u_1}}$	$z_{u_1 0}$	$z_{u_1 1}$	. . .	$z_{u_1 n}$	0
⋮	⋮	⋮	⋮		⋮	⋮
c_{u_m}	$\underline{x_{u_m}}$	$z_{u_m 0}$	$z_{u_m 1}$	. . .	$z_{u_m n}$	0
	$\underline{C}$	z_{00}	z_{01}		z_{0n}	1

Alle Spalten, die Basis-Variablen entsprechen, haben eine sehr einfache Form: Sie bestehen aus lauter Nullen, ausgenommen in der Zeile gleichen Indexes; dort steht eine 1. Ferner haben wir eine letzte Spalte hinzugefügt, die gleichfalls aus lauter Nullen besteht, nur ihr unterster Wert ist wiederum gleich 1.

Wenn die ursprünglichen Basis-Variablen, sagen wir: $x_{v_1}, \ldots, x_{v_m}$, wären und ihre Koeffizienten-Matrix die Einheits-Matrix ist, dann ergibt sich $a_{v_i j} = 0$ für $i \neq j$, und $= 1$ für $i = j$. Folglich (vgl. Formel (3)):

$$a_{v_j j} = \sum_s a_{u_s j} z_{u_s v_j} = 1 \text{ und } a_{v_i j} = \sum_s a_{u_s j} z_{u_s v_i} = 0 \text{ wenn } i \neq j.$$

Das bedeutet, daß die Matrix, die $a_{u_k t}$ in der t-ten Zeile und k-ten Spalte stehen hat, die Inverse von der Matrix ist, die $z_{u_t v_k}$ in der t-ten Zeile und der k-ten Spalte hat. Diese Matrix ist $(A)^{-1}$, bis auf die letzte Zeile und die letzte Spalte. Die Größen $z_{0 v_i}$ in der letzten Zeile sind gleich $\sum_t c_{u_t} z_{u_t v_k} - c_{v_k}$ gemäß dem Simplex-Tableau und folglich gleich den entsprechenden Werten in der letzten Zeile von $(A)^{-1}$. Denn nach Voraussetzung gilt $c_{vk} = 0$. Die letzte Spalte von $(A)^{-1}$ besteht bei allen Schritten aus Nullen, mit Ausnahme der 1 am Ende.

Es ist ein hervorstechender Zug der Methode der inversen Matrix, daß wir bei jedem Schritt auf die ursprünglichen Koeffizienten in den Konstriktionen zurückgreifen. Man darf deshalb annehmen, daß die Auswirkung von Abrundungsfehlern bei der Methode der inversen Matrix im ganzen kleiner sein wird, als sie nach der Simplex-Methode werden kann.

10. Bei unseren Verfahren haben wir nur zulässige Basis-Lösungen betrachtet. Dies läßt sich rechtfertigen, indem wir zeigen, daß es wenigstens eine solche Basis-Lösung gibt, wenn eine optimale zulässige Lösung existiert, die nicht Basis-Lösung ist. Darüber hinaus haben wir darzulegen, daß, wenn

die Variablen-Mengen, die optimale zulässige Basis-Lösungen bilden, beschränkt sind, jede optimale zulässige Lösung eine Linearkombination von optimalen zulässigen Basis-Lösungen darstellt.

Nehmen wir an, wir haben eine optimale zulässige Lösung. Wir können die Variablen so numerieren, daß $x_1, \ldots, x_t$ die positiven Variablen sind. Wir betrachten folgende Matrix:

$$\begin{pmatrix} a_{11} & \cdots & a_{t1} \\ \vdots & \ddots & \vdots \\ a_{1m} & \cdots & a_{tm} \end{pmatrix}$$

Wenn diese Matrix den Rang $r(\leqq t, m)$ hat, dürfen wir ohne Einschränkung der Allgemeinheit annehmen, daß

$$\begin{vmatrix} a_{11} & \cdots & a_{r1} \\ \vdots & \ddots & \vdots \\ a_{1r} & \cdots & a_{rr} \end{vmatrix} \neq 0.$$

Wir halten $x_{r+2}, \ldots, x_n$ konstant und lösen die ersten r Konstriktionen nach den $x_1, \ldots, x_r$ auf. Dabei erhalten wir:

$$x_s = v_s + w_s x_{r+1} \; (s = 1, \ldots, r)$$
$$C = v_0 + w_0 x_{r+1}.$$

Wenn $x_{r+1} = 0$, dann ist auch $x_{r+2} = \ldots = x_n = 0$. Einfache algebraische Überlegungen liefern uns eine $(m \times m)$-Koeffizienten-Matrix, von der die obige, nicht-singuläre $(r \times r)$-Matrix einen Teil bildet. Dann ist $x_1, \ldots, x_n$ bereits eine zulässige Basis-Lösung.

Wenn x_{r+1} und ferner alle x_s $(s = 1, \ldots, r)$ positiv sind, können wir x_{r+1} geringfügig durch Vergrößerung oder durch Verkleinerung verändern, ohne daß dabei eine der positiven Variablen negativ wird. Darum muß $w_0 = 0$ sein, denn sonst würde eine dieser Veränderungen C abnehmen lassen, während doch C schon das Minimum angenommen haben sollte. Alle

Lösungen, die wir durch Änderung von x_{r+1} erhalten, sind daher gleichfalls optimal.

Jetzt lassen wir x_{r+1} stetig kleiner werden, bis es selbst oder aber wenigstens eines der x_s null wird. Andererseits können wir x_{r+1} stetig größer werden lassen, und dann wird entweder wenigstens eines der x_s verschwinden oder aber die Menge der Optimallösungen sich als unbeschränkt erweisen. Wir haben so zwei optimale zulässige Lösungen gefunden, und zwar mit einer kleineren Zahl positiver Variabler; die gegebene optimale zulässige Lösung ist eine lineare Kombination aus ihnen. Wenn wir in derselben Weise so weit wie möglich fortfahren, sind unsere Behauptungen bewiesen.

Man sieht jetzt leicht, daß diese Behauptungen auch dann richtig bleiben, wenn wir überall das Wort „optimal" weglassen. Also ist die Form der Linearform unerheblich für den Beweis, und wir können C identisch gleich null setzen. Dann ist jede zulässige Lösung optimal. Die Behauptung ist damit bewiesen.

VII. Degeneration und andere Schwierigkeiten

1. Wir haben schon verschiedentlich auf mögliche Komplikationen hingewiesen. Wir müssen uns jetzt mit ihnen beschäftigen. Folgende Schwierigkeiten können auftreten:

a) wir finden keine zulässige Basislösung für den Anfang der Rechnung, möglicherweise gibt es gar keine;
b) die Rechenregeln versagen, bevor wir die Endlösung erreicht haben;
c) das Kriterium, nach dem die aus der Basis zu eliminierende Variable bestimmt wird, gestattet keine eindeutige Entscheidung;
d) einige der Basis-Variablen sind gleich null.

2. Manchmal ist es sehr einfach, eine zulässige Basis-Lösung zu finden, mit der man beginnen kann. Das ist z. B. der Fall,

wenn das Gleichungssystem aus einem System von Ungleichungen entstanden ist und die rechte Seite das gleiche Vorzeichen besitzt wie die Hilfs-Variable. Um ein weniger triviales Beispiel zu geben: In unserem Transportproblem können wir jede Kombination (i, j) wählen und die y_{ij} jeweils dem kleineren der beiden Werte a_i und b_j gleichmachen. Nachdem wir uns auf diese Weise der a_i oder der b_j entledigt haben, erhalten wir ein reduziertes Problem, das wir ebenso angehen können, und so weiter, bis eine erste zulässige Basis-Lösung erreicht ist. (Wie man eine erste zulässige Basis-Lösung bei Spielproblemen findet, wird in Kap. IX.1 behandelt.)

3. Nehmen wir jetzt an, daß keine zulässige Lösung durch Probieren gefunden werden kann. Alle b_j seien nicht-negativ, nötigenfalls durch Multiplikationen von Gleichungen mit -1. Es möge $k \leqq m$ Variable geben, von denen jede nur in einer einzigen Gleichung auftritt, und zwar mit einem positiven Koeffizienten a_{ij} (k kann natürlich auch null sein). Dann setze man diese x_i gleich b_j/a_{ij} und alle anderen Variablen gleich null. Dadurch werden k Gleichungen erfüllt, die restlichen $m - k$ Gleichungen jedoch im allgemeinen nicht. Wir wenden daher folgendes Verfahren an: wir addieren jeweils eine von $m - k$ „künstlichen"*) nicht-negativen Variablen $x_{n+k+1}, \ldots, x_{n+m}$, zur linken Seite derjenigen Gleichungen, die es noch zu befriedigen gilt. Wenn wir annehmen, daß dieses die letzten $m - k$ Gleichungen des Gleichungssystems sind, dann werden sie zu:

$$a_{1j}x_1 + \cdots + a_{nj}x_n + x_{n+j} = b_j \qquad (j = k + 1, \ldots, m)$$

Wenn wir setzen $x_{n+k+1} = b_{k+1}, \ldots, x_{n+m} = b_m$, befriedigen wir auch diese restlichen Gleichungen.

*) Wir reservieren den Ausdruck „Zusatzvariable" für solche Fälle, in denen eine Ungleichung in eine Gleichung verwandelt werden soll.

Wir wollen keine künstlichen Variablen in der endgültigen Lösung. Darum führen wir sie ebenfalls in die Linearform ein, und zwar mit großen Koeffizienten M, wenn die Linearform minimalisiert werden, beziehungsweise $-M$, wenn sie maximalisiert werden soll. Die Linearform sieht dann folgendermaßen aus:

$$\begin{aligned} &c_1 x_1 + \cdots + c_n x_n \pm M(x_{n+k+1} + \cdots + x_{n+m}) \\ &= [c_1 \mp M(a_{1k+1} + \cdots + a_{1m})]\, x_1 + \cdots \\ &+ [c_n \mp M(a_{nk+1} + \cdots + a_{nm})]\, x_n \pm M(b_{k+1} + \cdots + b_m) \end{aligned}$$

M wird größer gewählt als alle Zahlen, mit denen es während der Rechnung in Vergleich tritt. Wenn folglich das System, in dem die künstlichen Variablen gleich null sind, eine zulässige Lösung hat, so können wir sie finden, da eine Linearform, die M in der obigen Form enthält, nicht ihren Optimalwert annehmen wird. Wenn wir dann zu einer endgültigen Lösung kommen, die irgendwelche künstlichen Variablen mit nicht verschwindenden Werten enthält, kann man schließen, daß für das Ausgangssystem keine zulässige Lösung existiert. Wenn wir andererseits eine künstliche Variable aus der Basis eliminiert haben, brauchen wir diese Variable nicht weiter zu betrachten, weil wir dann eine zulässige Basis-Lösung ohne Hilfe dieser Variablen erhalten haben, die überflüssig geworden ist.

4. Zur Erläuterung wählen wir Beispiel 2 aus Kapitel V. Wir führen eine künstliche Variable x_0 in die erste Gleichung ein: $-2x_1 + x_2 + x_3 - x_0 = -2$.

Wir ändern die Linearform in $x_2 - x_1 + Mx_0$. Wir beginnen mit $x_4 = 2, x_5 = 5, x_0 = 2$, und drücken die Linearform durch x_1, x_2 und x_3 aus:

$$2M - (1 + 2M)\, x_1 + (1 + M)\, x_2 + Mx_3.$$

			x_1	x_2	x_3
			-1	1	
	x_4	2	1	-2	0
	x_5	5	1	1	0
M	x_0	2	2*	-1	-1
		0	1	-1	0
M		2	2	-1	-1

Es empfiehlt sich, die Koeffizienten der Linearform in zwei Gruppen zu teilen — in solche, die M nicht enthalten, und solche, die M enthalten. Die letzte Zeile des obigen Tableaus enthält tatsächlich Zahlen, die mit M multipliziert sind. Solange es in dieser Zeile nicht verschwindende Werte gibt, fallen diese beträchtlich ins Gewicht. In unserem Beispiel trifft es sich, daß wir die künstliche Variable sofort eliminieren können; die M-Zeile braucht daher nicht weiter berücksichtigt zu werden. Die weiteren Tableaux lauten dann:

			x_2	x_3
			1	
-1	x_1	1	$-1/2$	$-1/2$
	x_4	1	$-3/2$	$1/2$*
	x_5	4	$3/2$	$1/2$
		-1	$-1/2$	$1/2$

			x_2	x_4
			1	
-1	x_1	2	-2	1
	x_3	2	-3	2
	x_5	3	3*	-1
		-2	1	-1

			x_5	x_4
-1	x_1	4	$2/3$	$1/3$
	x_3	5	1	1
1	x_2	1	$1/3$	$-1/3$
		-3	$-1/3$	$-2/3$

Das Endergebnis enthält die künstliche Variable nicht. In Abb. V. 2 ist dieses Vorgehen durch die Punktfolge a, b, c dargestellt.

5. Wir haben für die Größen in der M-Zeile folgende Ausdrücke gefunden:

$$\Sigma b_t, \ \Sigma a_{1t}, \ldots, \ \Sigma a_{nt},$$

worin die Summen über alle die t zu erstrecken sind, die solche Gleichungen bezeichnen, wo wir künstliche Variablen eingeführt haben. Man kann also die M-Methode folgendermaßen interpretieren: Zunächst versucht man die künstliche Linearform

$$\Sigma b_t - x_1 \ \Sigma a_{1t} - \cdots - x_n \ \Sigma a_{nt}$$

zu minimalisieren, beziehungsweise zu maximalisieren. Ist das Optimum gleich null, haben wir damit eine zulässige Lösung gefunden; wir können fortfahren, diejenige Linearform zu optimalisieren, die uns eigentlich interessiert. Ist das Optimum hingegen positiv, gibt es keine zulässige Lösung. Die künstliche Linearform kann niemals negativ sein, denn sie ist die Summe nicht-negativer Variabler $\sum_t x_{n+t}$.

6. Eine leichte Variante der M-Methode ist dann von Nutzen, wenn die Konstriktionen sich nach m Variablen einfach auflösen lassen. Wir erhalten dann:

$$x_{u_s} + \sum_{k=1}^{n-m} z_{u_s u_{m+k}} x_{u_{m+k}} = z_{u_s 0} \quad (s = 1, \ldots, m);$$

die $z_{u_1 0}, \ldots, z_{u_t 0}$ seien negativ; die restlichen $z_{u_s 0}$ seien nichtnegativ, wenn es überhaupt welche gibt. $z_{u_1 0}$ sei der algebraisch kleinste Wert unter ihnen, d. h. das „negativste“ $z_{u_s 0}$. Dann braucht nur eine einzige künstliche Variable x_{n+1} eingeführt zu werden, nämlich durch Subtraktion von den linken Seiten der Gleichungen $1, \ldots, t$. Außerdem addieren wir $+ Mx_{n+1}$ oder $- Mx_{n+1}$ zu der Linearform. Der folgende Ausdruck stellt dann eine zulässige Basis-Lösung dar:

$$x_{u_1} = 0,\ x_{u_2} = z_{u_2 0} - z_{u_1 0},\ \ldots,\ x_{u_t} = z_{u_t 0} - z_{u_1 0},$$
$$x_{n+1} = -z_{u_1 0},$$
$$x_{u_s} = z_{u_s 0} \text{ für } s = t+1, \ldots, m \quad \text{wie oben*)}.$$

7. Das Ziel der M-Methode besteht darin, zunächst irgendeine zulässige Basis-Lösung zu finden. Deshalb ist die genaue Form der Linearform für die ersten Schritte uninteressant. Es folgt, daß wir diese Methode auch dazu benutzen können, die Lösung eines Systems von n linearen Gleichungen in n Variablen zu ermitteln, wobei es nicht eigentlich um eine Frage der Optimalisierung geht. In einem solchen Fall würde man als zu minimalisierende Linearform einfach die mit M multiplizierte Summe der künstlichen Variablen nehmen. Sobald sie eliminiert sind, hat man die Lösung. Man erinnere sich jedoch, daß in diesem Problem der elementaren Algebra nur die künstlichen Variablen die oben genannte Vorzeichenbedingung erfüllen. Deshalb muß man entweder jede andere Variable durch die Differenz zweier vorzeichenbeschränkter Variablen ersetzen, oder aber wie in der M-Methode vorgehen, dabei jedoch im Auge behalten, daß nur die künstlichen Variablen bei jedem Schritt ihr Vorzeichen erhalten, beziehungsweise verschwinden.

Der Leser kann das korrekte Verfahren leicht selbst entwickeln, wenn er Wert darauf legt. Wir werden es nicht weiterverfolgen, weil wir diese Art, lineare Gleichungen zu lösen, eher für eine Kuriosität halten als für eine empfehlenswerte Methode. Wir könnten ebenso die Inverse einer nichtsingulären Matrix (A) mit Hilfe eines Linearprogrammierungs-Prozesses bilden. Wir fassen (A) auf als Koeffizienten-Matrix eines Systems von Konstriktionen mit ebenso vielen Gleichungen wie Variablen. Die rechten Seiten bestimmen wir so, daß wir wissen, das System hat eine Lösung. Zum Beispiel

*) Für Einzelheiten vgl. [31].

können wir jede rechte Seite gleich der Summe der Koeffizienten derselben Gleichung machen, so daß die Lösung $x_i = 1$ wäre. Wir nehmen eine sehr einfache Linearform dazu, z.B. 0. Es handelt sich dabei nicht um Optimalisierung, weil das System genau eine Lösung hat.

Wenn wir jetzt die M-Methode mit m künstlichen Variablen und die Methode der inversen Matrix benutzen, erhalten wir schließlich $(A)^{-1}$, wenn auch mit permutierten Zeilen und Spalten. Das ist aber leicht zu beheben.

8. Beispiel 3 aus Kapitel V macht eine künstliche Variable in der zweiten Gleichung erforderlich. Wenn der Leser die Rechnung durchführt, wird sich x_0 noch in der Basis finden, wenn die endgültige Lösung erreicht ist. Das braucht ihn nicht zu verwundern: wie wir wissen, sind die Konstriktionen in diesem Beispiel widersprüchlich.

9. Unser nächstes Beispiel behandelt einen Fall, wo es zwar zulässige Lösungen gibt, aber keinen endlichen Minimalwert der Linearform:

$$\begin{aligned} -2x_1 + x_2 + x_3 &= 2 \\ x_1 - 2x_2 + x_4 &= 2 \\ x_1 + x_2 - x_5 &= 5 \end{aligned}$$

Minimalisiere $x_2 - x_1$.

Bis auf das Vorzeichen von x_5 ist dies unser Beispiel 1. Geometrisch heißt das: die Gerade $x_1 + x_2 = 5$ schließt jetzt diejenige Seite aus, die den Nullpunkt enthält. Folglich ist der Teil der Ebene, der die zulässigen Punkte enthält, unbeschränkt. Wir können zum gleichen Schlußtableau kommen wie in Kapitel IV bei dem Beispiel 1 — mit der Ausnahme, daß die Vorzeichen der Werte in Spalte x_5 gewechselt haben. Das würde vermuten lassen, daß x_5 in die Basis eingeführt werden könnte. Aber keine der Basis-Variablen hat in dieser Spalte einen positiven Wert. Folglich versagen unsere Regeln für die Entfernung einer Basis-Variabeln aus der Basis. Was das bedeutet, wird klar, wenn wir uns in Erinnerung rufen, warum wir bei diesem Schritt nur Brüche mit positivem Nenner betrachtet haben. Es geschah, um zu vermeiden, daß irgendwelche Variablen durch allzu starkes Anwachsen der Nicht-Basis-Variablen negativ wurden. Dabei ließen wir die Zunahme der Basis-Variablen außer acht. Im vorliegenden Fall werden sie alle mit wachsendem x_5 größer. Und die Linearform nimmt dabei ab. Folglich kann diese unbeschränkt verkleinert werden, und keine endliche zulässige Lösung stellt einen Minimalwert dar.

Außerdem bemerken wir: mit ständig wachsendem positiven x_5 läßt sich eine Folge zulässiger Lösungen mit $m + 1$ positiven Variablen so angeben, daß C gegen unendlich strebt. Es ist klar, daß immer dann eine ähnliche Eigenschaft vorliegt, wenn keine endliche optimale zulässige Lösung existiert.

10. Es gibt noch einen anderen Weg, um zu ermitteln, ob der Wert der Linearform unbeschränkt ist. Wir können eine „künstliche" Konstriktion mit einer künstlichen Variablen x_{n+1} einführen: $x_1 + \cdots + x_n + x_{n+1} = \Omega$. Ω bedeutet hier eine große, aber endliche Zahl. Wenn es eine Kombination von endlichen $x_1, \ldots, x_n$ gibt, die die Linearform optimalisiert, dann ermitteln wir sie und bekommen $x_{n+1} = \Omega - \sum_{1}^{n} x_i$. Wenn es andererseits keine solche endliche Kombination für das ursprüngliche Problem gibt, erhalten wir jetzt eine Lösung für das neue Problem, sofern die Konstriktionen nicht widersprüchlich sind, weil die künstliche Konstriktion nicht im Widerspruch zu irgendeiner der anderen Konstriktionen stehen kann und sicherstellt, daß die x_i beschränkt sind. Jedoch wird der Ausdruck für die Endergebnisse der $x_i (i = 1, \ldots, n)$ die Größe Ω enthalten, womit angezeigt wird, daß das Ausgangsproblem keine endliche Lösung hat.

11. Als nächstes betrachten wir Beispiel 4 aus Kapitel V. Aus dem ersten Tableau:

		x_1	x_2
		-1	1
x_3	4	2	-1
x_4	2	1	-2
x_5	5	1	1
	0	1	-1

scheint hervorzugehen, daß wir x_1 als Basis-Variable wählen sollten. Aber welche Variable sollte dadurch ersetzt werden? Die Brüche ${}^2/_1$ und ${}^4/_2$ sind einander gleich, und wir könnten entweder x_3 oder x_4 wählen. Wir wollen beide Fälle verfolgen. Als zweites Tableau erhält man also eines der beiden folgenden:

			x_2	x_3
			1	
-1	x_1	2	$-{}^1/_2$	${}^1/_2$
	x_4	0	$-{}^3/_2$	$-{}^1/_2$
	x_5	3	${}^3/_2$	$-{}^1/_2$
		-2	$-{}^1/_2$	$-{}^1/_2$

			x_2	x_4
			1	
	x_3	0	3^*	-2
-1	x_1	2	-2	1
	x_5	3	3	-1
		-2	1	-1

In beiden Fällen hat eine der in der Basis verbleibenden Variablen den Wert null. Das ist eine notwendige Folge der Gleichheit der zwei Brüche in der vorigen Tabelle. In dem linken Tableau ist das ohne Bedeutung, denn wir sind mit der Rechnung schon am Ende. Im zweiten aber liegt der Angelpunkt in derjenigen Zeile, wo die Variable den Wert null hat, und folglich ist der Wert der Variablen, die man jetzt in die Basis einführen muß, also x_2, auch im nächsten Tableau gleich null. Also wird der Wert der Linearform unverändert bleiben, wenn wir x_3 durch x_2 ersetzen.

Diese letzte Tatsache sollte uns zu denken geben. Denn wir haben bewiesen, daß die Simplex-Methode zu einem Endergebnis führen muß, weil der Wert der Linearform sich bei jedem Schritt ändert. Jetzt hingegen ändert sie sich nicht.

Wir können deshalb nicht sicher sein, daß wir eine bestimmte Folge von Schritten nicht immer wieder von vorn durchlaufen. Im vorliegenden Fall kann das nicht passieren; wenn wir den Austausch zwischen x_3 und x_2 vornehmen, erhalten wir sofort das Endergebnis: $x_2 = 0$, $x_1 = 2$ und $x_5 = 3$. Wir bemerken, daß die Werte, die nicht gleich null sind, dieselben sind wie in dem linken obigen Tableau. Das kann gar nicht anders sein, weil es nur einen Punkt in Abb. V. 5 gibt, der dem kleinsten Wert der Linearform entspricht.

Wir bewegen uns also nicht im Kreise — trotz unserer Bedenken. Häufig wird behauptet, das Auftreten eines solchen Zyklus sei sehr unwahrscheinlich; das ist gleichbedeutend mit der Behauptung, es sei schwierig ein Beispiel zu finden, in dem die Wiederholung einer Folge von Rechentableaux wirklich vorkommt. Ein derartiges Beispiel verdanken wir E. M. Beale [2], ein anderes, unveröffentlichtes Beispiel geht auf A. J. Hoffmann zurück.

12. Diese Beispiele lassen Vorsicht am Platz erscheinen. Wir müssen die Untersuchung weitertreiben. Es ist möglich, das Wiederauftreten eines früheren Tableau zu vermeiden, wie A. Charnes gezeigt hat ([7], siehe auch [9]).

In einem zweidimensionalen Diagramm bedeutet, wie wir gesehen haben, die Gleichheit der kritischen Brüche, daß mehr als zwei Variablen gleich null sind und folglich mehr als zwei Geraden durch den gleichen Punkt laufen. In höheren Dimensionen gibt es eine analoge Interpretation. Doch schon der einfachste Fall legt ein Hilfsmittel nahe. Die Schwierigkeiten würden sich auflösen, wenn wir die Geraden um ein Geringes verschöben und sie, sobald wir die Lösung gefunden haben, wieder zusammenfallen ließen. Diesen Gedanken kann man analytische Genauigkeit verleihen.

Es sei ein Tableau gegeben. Man modifiziere es durch Addition bestimmter Polynome P_{u_s} zu den z_{u_s}:

		$x_{u_{m+k}}$
x_{u_s}	$z_{u_s0} + P_{u_s}$	$z_{u_s u_{m+k}}$
L. F.	z_{00}	$z_{0\,u_{m+k}}$

Die Polynome sind folgendermaßen definiert:

$$P_{u_s} \equiv \varepsilon^{u_s} + z_{u_s u_{m+1}}\, \varepsilon^{u_{m+1}} + \cdots + z_{u_s u_n}\, \varepsilon^{u_n}\,.$$

In Worten: Die Exponenten der ε in P_{u_s} sind die Indices der Nicht-Basis-Variablen und u_s. Ihre Koeffizienten sind $z_{u_s u_{m+k}}$ und $z_{u_s u_s}$ $(= 1)$. Sie sind gegeben durch das erweiterte Tableau (vgl. Kapitel VI.7). ε bedeutet eine kleine positive Zahl, d. h. eine Zahl die kleiner ist als jede andere, mit der sie im Verlaufe der Rechnung verglichen wird. Wir können sicherstellen, daß $z_{u_s} + P_{u_s} > 0$ für alle s gilt, sogar wenn $z_{u_s} = 0$ ist, indem wir die Variablen so umnumerieren, daß die Basis-Variablen $x_1, \ldots, x_m$ sind; der Term ε^{u_s} bestimmt dann das Vorzeichen von P_{u_s}.

Wir zeigen jetzt: durch diese Modifikation wird verhindert, daß irgend zwei Brüche, z. B. $(z_{u_1 0} + P_{u_1})/z_{u_1 u_{m+1}}$ und $(z_{u_2 0} + P_{u_2})/z_{u_2 u_{m+1}}$ einander gleich werden. Wenn der erste größer als der zweite ohne P_{u_1} und P_{u_2} wird, dann ändert sich diese Beziehung nicht durch die Addition der Polynome, denn die ε sind zu klein, um Einfluß darauf zu haben. Wenn aber die Brüche ohne die Polynome einander gleich sind, dann hängt die relative Größe der modifizierten Brüche ab von dem Verhältnis, das der niedrigsten Potenz von ε entspricht. Die anderen Potenzen werden wiederum relativ unwirksam sein. Alle Brüche, die den verschiedenen Potenzen von ε zugeordnet sind, können nicht einander gleich sein, weil ε^{u_1} nur in der Zeile x_{u_1} und ε^{u_2} nur in der Zeile x_{u_2} auftritt. So ermöglicht die Verwendung des modifizierten Tableaus die eindeutige Bestimmung der zu eliminierenden Basis-Variablen; der Wert der Linearform ändert sich mit jedem Schritt.

In unserem Beispiel werden die beiden ersten Spalten des ersten, bzw. des zweiten Tableaus zu:

1. Tableau

x_3	$4 + 2\,\varepsilon - \varepsilon^2 \quad + \varepsilon^3$
x_4	$2 + \varepsilon \quad - 2\,\varepsilon^2 + \varepsilon^4$
x_5	$5 + \varepsilon \quad + \varepsilon^2 \quad + \varepsilon^5$
	0

2. Tableau

	x_3	$3\,\varepsilon^2 + \varepsilon^3 - 2\,\varepsilon^4$
-1	x_1	$2 + \varepsilon - 2\,\varepsilon^2 + \varepsilon^4$
	x_5	$3 + 3\,\varepsilon^2 - \varepsilon^4 + \varepsilon^5$
		$-(2 + \varepsilon - 2\,\varepsilon^2 + \varepsilon^4)$

Im ersten Tableau führt der Vergleich von $-\varepsilon^2/2$ und $-2\,\varepsilon^2/1$ zur Entscheidung. Er führt zur Ersetzung von x_4 durch x_1. Im zweiten Tableau ist der Wert von x_3 nicht mehr gleich null, sondern positiv. Die anderen Spalten sind unverändert geblieben. (Für das andere Tableau wechsele man auf der rechten Seite das Vorzeichen.) Das dritte Tableau sieht nun folgendermaßen aus:

			x_3	x_4
1	x_2	$\varepsilon^2 + \varepsilon^3/3 - 2\,\varepsilon^4/3$	$^1/_3$	$-^2/_3$
-1	x_1	$2 + \varepsilon + 2\,\varepsilon^3/3 - \varepsilon^4/3$	$^2/_3$	$-^1/_3$
	x_5	$3 - \varepsilon^3 + \varepsilon^4 + \varepsilon_5$	-1	1
		$-2 - \varepsilon + \varepsilon^2 - \varepsilon^3/3 - \varepsilon^4/3$	$-^1/_3$	$-^1/_3$

Das ist das Schlußtableau, und wir können jetzt $\varepsilon = 0$ setzen, was uns die endgültige Basis-Lösung wie früher liefert.

Man braucht nicht alles das aufzuschreiben, was wir hier, der Klarheit willen, auseinandergesetzt haben. Die Koeffizienten der Potenzen von ε treten schon in dem erweiterten

Tableau auf, und unser Verfahren läßt sich wie folgt beschreiben:

Man suche zuerst die Spalte derjenigen Variablen, die man zur Basis-Variablen machen will. Sie sei $x_{u_{m+h}}$. Dann suche man alle positiven $z_{u_s 1}/z_{u_s u_{m+h}}$ und vergleiche sie miteinander. Wenn sich darunter ein einziges Minimum befindet, haben wir die neue Nicht-Basis-Variable gefunden. Gibt es jedoch mehr als eine Basis-Variable, die das Minimum erzeugt, sind alle diese Basis-Variablen geeignet für die weiteren Schritte. Man bilde für alle diese Basis-Variablen $z_{u_s 1}/z_{u_s u_{m+h}}$ (diese Brüche sind nicht notwendig positiv) und suche den algebraisch kleinsten unter ihnen heraus. Gibt es mehrere, die gleich klein sind, nehme man die betreffenden Variablen und untersuche die Verhältnisse $z_{u_s 2}/_{u_s u_{m+h}}$ usw., bis eine einzige Basis-Variable übrigbleibt. Wie wir wissen, muß es einmal dazu kommen.

13. Einige Bemerkungen zur Algebra dieses Falles. Das wesentliche Merkmal ist, daß wir eine zulässige Basis-Lösung $x_{u_1}, \ldots, x_{u_m}$ erhalten, die Nullen enthält. Wenn zum Beispiel $x_{u_1} = 0$, dann ist

$$\begin{vmatrix} a_{u_1 1} & \ldots & a_{u_{m-1} 1} & b_1 \\ \vdots & & \vdots & \vdots \\ a_{u_1 m} & \ldots & a_{u_{m-1} m} & b_m \end{vmatrix} = 0 .$$

Wenn eine Matrix, die auf diese Weise aus den Koeffizienten von $m - 1$ Variablen und den rechten Seiten der Konstriktionen besteht, singulär ist, dann nennen wir das Linearprogrammierungsproblem *degeneriert.*

Einige Autoren sprechen von Degeneration, wenn irgendeine Submatrix m-ter Ordnung von

$$\begin{pmatrix} a_{11} & \ldots & a_{n1} & b_1 \\ \vdots & & \vdots & \vdots \\ a_{1m} & \ldots & a_{nm} & b_m \end{pmatrix}$$

singulär ist, auch wenn diese Submatrix nur aus a_{ij} besteht. Wenn nun eine Matrix letzteren Typs:

$$\begin{pmatrix} a_{u_1 1} & \dots & a_{u_m 1} \\ \vdots & \ddots & \vdots \\ a_{u_1 m} & \dots & a_{u_m m} \end{pmatrix} = D_1$$

singulär ist, können wir das System nicht nach den x_{u_s} auflösen und die Simplex-Methode nicht mit ihnen beginnen. Für solche Fälle läßt sich zeigen: wenn es überhaupt eine (nicht notwendig zulässige) Lösung gibt, mit $x_{u_{m+1}} = \cdots = x_{u_n} = 0$, dann ist eine Matrix des Typs

$$\begin{pmatrix} a_{v_1 1} & \dots & a_{v_{m-1} 1} & b_1 \\ \vdots & \ddots & \vdots & \vdots \\ a_{v_1 m} & \dots & a_{v_{m-1} m} & b_m \end{pmatrix} = D_2$$

gleichfalls singulär. Folglich sind die beiden Definitionen der Degeneration für unsere Zwecke äquivalent. Der Beweis läuft folgendermaßen:

Es sei

$$\sum_{i=1}^{m} a_{u_i j} x_{u_i} = b_j$$

für $j = 1, \dots, m$. Wenn $D_1 = 0$ ist, läßt sich das System

$$\sum_{i=1}^{m} a_{u_i j} w_i = 0, \quad j = 1, \dots, m$$

lösen, wobei eines der w_i, sagen wir w_t, ungleich null ist. Man setze $x_{u_t}/w_t = s$. Dann ist $\sum_{i=1}^{m} a_{u_i j}(x_{u_i} - s w_i) = b_j$ für alle j. Da aber $x_{u_t} - s w_t = 0$, gibt es nicht mehr als $m - 1$ Ausdrücke auf den linken Seiten der Gleichungen, die ungleich null sind. Folglich ist eine Matrix vom Typ D_2 ebenfalls singulär.

14. Man hat weitere Modifikationen vorgeschlagen, denen in Sonderfällen der Vorzug zukommen mag. So hat es sich für das Transportproblem als möglich erwiesen, ein ε fester Größe einzuführen, was die endgültigen Werte exakt liefert, wenn man auftretende Dezimalwerte wegläßt, die sich aus dem gewählten Wert von ε ergeben. Diese Methode ist besonders geeignet für Rechenautomaten, wo es sich nicht empfiehlt, die ursprüngliche Ordnung der Variablen beizubehalten. (Siehe Kapitel XXIII, Fußnote auf S. 366 von [15]).

15. Wir kommen nun zu Beispiel 5 aus Kapitel V. Die Tableaux sehen folgendermaßen aus:

		x_1	x_2
		-1	1
x_3	2	-2	1
x_4	2	1^*	-1
x_5	5	1	1
	0	1	-1

			x_4	x_2
				1
	x_3	6	2	-1
-1	x_1	2	1	-1
	x_5	3	-1	2
		-2	-1	0

Das zweite Tableau stellt die endgültige Lösung dar. Aber wir bemerken etwas Neues: z_{02} ist null. Das soll uns nicht dazu verleiten, das Verfahren weiterzuführen, denn die Linearform ändert sich nicht, wenn wir x_2 in die Basis einführen:

			x_4	x_5
	x_3	$7\frac{1}{2}$	$^3/_2$	$\frac{1}{2}$
-1	x_1	$3\frac{1}{2}$	$^1/_2$	$\frac{1}{2}$
1	x_2	$1\frac{1}{2}$	$-^1/_2$	$\frac{1}{2}$
		-2	-1	0

Wir könnten jetzt wieder x_5 gegen x_2 austauschen und so fort. Man sieht, daß eine Null unter den $z_{0u_{m+k}}$ anzeigt, daß die endgültige zulässige Basis-Lösung nicht die eindeutige Antwort auf das Problem darstellt. Wenn wir alle solche Möglichkeiten aufsuchen, erhalten wir alle zulässigen Basis-Lösungen.

Wenn wir zwei zulässige Basis-Lösungen haben, dann ist jede Linearkombination aus ihnen eine zulässige Lösung, wenn auch keine Basis-Lösung. Geometrisch: In unserem Beispiel liefern alle Punkte auf der Geraden zwischen $x_2 = x_4 = 0$ und $x_4 = x_5 = 0$ den gleichen Minimalwert von $x_2 - x_1$.

Algebraisch sind die Punkte gegeben durch

$$x_1 = 2\,t + 3\tfrac{1}{2}(1 - t),\ x_2 = 1\tfrac{1}{2}(1 - t),$$
$$x_3 = 6\,t + 7\tfrac{1}{2}(1 - t),\ x_4 = 0,\ x_5 = 3\,t,$$

wobei t irgendeine Zahl zwischen 0 und 1 ist, die Grenzen eingeschlossen.

16. Es sei noch bemerkt, daß das Auftreten eines $z_{0u_{m+k}} = 0$ algebraisch die Existenz eines u_{m+k} bedeutet, so daß

$$c_{u_{m+k}} = \sum_{s=1}^{m} c_{u_s} z_{u_s u_{m+k}}\,.$$

Aber per definitionem gilt auch

$$a_{u_{m+k}j} = \sum_{s=1}^{m} a_{u_s j} z_{u_s u_{m+k}} \quad \text{für } j = 1, \ldots, m$$

(Kapitel VI. Formel 3).
Diese Relationen besagen zusammen, daß die Vektoren $(c_i, a_{i1}, \ldots, a_{im})$ mit $i = u_1, \ldots u_m, u_{m+k}$ voneinander nicht unabhängig sind.

Das ist leicht verständlich anhand unserer graphischen Darstellung (Kapitel V). Es heißt, daß die Linearform auf einer der Geraden konstant ist, die durch die Konstriktionen definiert sind. Man sieht ferner, daß die Bedingung notwendig, aber nicht hinreichend dafür ist, daß es unendlich viele Lösungen gibt.

VIII. Dualität

1. Betrachten wir die folgenden beiden Systeme:

$\sum_{i=1}^{N} a_{ij} x_i = b_j$	$\sum_{j=1}^{m} a_{ij} y_{N+j} + y_i = c_i$
$(j = 1, \ldots, m)$	$(i = 1, \ldots, N)$
alle x_i sind nicht-negativ	$y_1, \ldots, y_N$ nicht-negativ keine Vorzeicheneinschränkung für die y_{N+j}
Minimalisiere $\sum_{1}^{N} c_i x_i = C$	Maximalisiere $\sum_{1}^{m} b_j y_{N+j} = B$

Links haben wir das geläufige Linearprogrammierungsproblem mit m Konstriktionen für N Variable. Rechts haben wir N Gleichungen in $N + m$ Variablen, von denen N in ihren Vorzeichen eingeschränkt sind, m dagegen nicht.

Man nennt ein solches Paar von Systemen *duale Gleichungssysteme.*

Wählen wir jetzt m Variable x_{u_s}, für die die Gleichungen sich lösen lassen. Dann drücke man C in Abhängigkeit von den übrigbleibenden Variablen $x_{u_{m+k}}$ $(k = 1, \ldots, N - m = n)$ aus. Man bekommt:

$$
\text{(X)} \qquad \begin{aligned} x_{u_s} &= z_{u_s 0} - \sum_{k=1}^{n} z_{u_s u_{m+k}} x_{u_{m+k}} \\ C &= z_{00} - \sum_{k=1}^{n} z_{0 u_{m+k}} x_{u_{m+k}} \end{aligned}
$$

Nehmen wir jetzt das System in den y: Wir eliminieren die y_{N+j}, indem wir die m Gleichungen mit c_{u_s} auf der rechten Seite nach ihnen auflösen; das ist möglich durch geeignete Wahl der u_s.

Wir erhalten $\qquad y_{N+j} = \sum_{s=1}^{m} (c_{u_s} - y_{u_s})\, d_{js}.$

Dann setzen wir in die verbleibenden Gleichungen ein und bekommen

$$y_{u_{m+k}} = c_{u_{m+k}} - \sum_{j=1}^{m} a_{u_{m+k}j} y_{N+j}$$

$$\text{(Y)} \qquad = -z_{0u_{m+k}} + \sum_{s=1}^{m} z_{u_s u_{m+k}} y_{u_s}$$

$$B = \sum_{s=1}^{m} (c_{u_s} - y_{u_s}) z_{u_s 0} = z_{00} - \sum_{s=1}^{m} z_{u_s 0} y_{u_s}.$$

Alle y_{u_s} $(s = 1, \ldots, m)$ und $y_{u_{m+k}}$ $(k = 1, \ldots, n)$ sind natürlich in ihren Vorzeichen beschränkt.

2. Mit folgender Änderung der Schreibweise:

alt	neu	alt	neu
k	i	s	j
$x_{u_{m+k}}$	x_i	y_{u_s}	y_{n+j}
$z_{u_s 0}$	$-b_j$	$C - z_{00}$	C
$z_{u_s u_{m+k}}$	$-a_{ij}$	$B - z_{00}$	B
$z_{0u_{m+k}}$	$-c_i$		

und in Erinnerung daran, daß $x_{u_s} \geqq 0$ und $y_{u_{m+k}} \geqq 0$, lassen sich (X) und (Y) wie folgt schreiben:

$$\sum_{i=1}^{n} a_{ij} x_i \geqq b_j \qquad \sum_{j=1}^{m} a_{ij} y_{n+j} \leqq c_i$$

Minimalisiere $C = \sum_i c_i x_i$ Maximalisiere $B = \sum_j b_j y_{n+j}$

Zwei Systeme dieser Form heißen *duale Ungleichungssysteme*. Sie sind dualen Gleichungssystemen äquivalent unter der Voraussetzung, daß es für letztere eine zulässige Basis-Lösung gibt, für die das System lösbar ist. Dies ist immer möglich, sofern man das System nach der M-Methode erweitert, falls das nötig ist.

Wenn wir die zwei Ungleichungssysteme vergleichen, so finden wir, daß die Anzahl der Variablen in dem einen System gleich der Anzahl der Ungleichungen im anderen ist. Die eine Matrix ist die Transponierte der anderen. Die Konstanten auf den rechten Seiten jedes Systems sind die Konstanten in der Linearform des anderen Systems. Man beachte ferner, daß wir die Linearform desjenigen Systems minimalisieren, in dem die linke Seite größer als die rechte ist, daß wir hingegen die Linearform maximalisieren, wo das umgekehrte gilt*).

Das obige Paar ist etwas allgemeiner, als wir es in der Spieltheorie angetroffen haben (in III.4), allgemeiner, weil dort die Konstanten auf der rechten Seite und die Koeffizienten der Linearform gleich 1 waren. Auf jeden Fall werden die Ergebnisse, die für duale Systeme gelten, uns zu Ergebnissen in der Spieltheorie führen. Wir werden diesen Gedanken benutzen, um noch einen weiteren Beweis für das Minimax-Theorem zu geben.

3. Um die Ergebnisse der beiden Systeme zu vergleichen, bringen wir sie in die uns geläufige Tableau-Form, wobei wir wiederum alle Variablen der beiden Systeme (X) und (Y) auf eine Seite schaffen:

		$\underline{x_{u_{m+k}}}$			$\underline{y_{u_s}}$
$\underline{x_{u_s}}$	$z_{u_s 0}$	$z_{u_s u_{m+k}}$	$\underline{y_{u_{m+k}}}$	$-z_{0 u_{m+k}}$	$-z_{u_s u_{m+k}}$
$\underline{C}$	z_{00}	$z_{0 u_{m+k}}$	$\underline{B}$	z_{00}	$z_{u_s 0}$

Die Ähnlichkeit zwischen diesen beiden Tableaux ist auffallend. Die Indices der Zeilen von x sind gleich denen der Spalten von y und umgekehrt. Die Größen in der ersten

*) In diesem Buch bezeichnet C zu minimalisierende Linearformen, zum Beispiel Kosten, und B zu maximalisierende Linearformen, zum Beispiel Gewinne.

Spalte des x-Tableaus sind die gleichen wie die in der letzten Zeile des y-Tableaus, während die restlichen Spalten des ersteren die Größen der restlichen Zeilen des letzteren enthalten, allerdings mit umgekehrten Vorzeichen. Die wichtigste Tatsache besteht jedoch darin, daß, bei entsprechend gewählten x- und y-Variablen, die Werte von B und C einander gleich sind.

Wenn das System der x_{u_s} sich ändert, ändert sich zugleich das System $y_{u_{m+k}}$, und zwar so, daß die Beziehung zwischen den beiden Tableaux unverändert bleibt und insbesondere die neuen Werte von B und C wiederum gleich sind. Die Transformationsregeln für das y-Tableau lassen sich aus den Regeln für sein duales System ableiten.

Andererseits können wir beweisen, daß die Regeln nur den Eliminationsprozeß einer Variablen aus der Basis und die Einführung einer anderen Variablen in die Basis beschreiben, und daß demnach identische Regeln für beide Tableaux gelten. Beide Schlußweisen führen zu genau demselben Ergebnis. Das hat seinen Grund darin, daß jede der zwei Argumentationen zu einer der alternativen Beschreibungen des neuen Tableaus (in VI.4) führt, die in der Tat die gleichen Relationen darstellen.

Nehmen wir an, daß wir die optimale zulässige Lösung für das Maximalisierungsproblem gefunden haben. Dann sind die $-z_{0u_{m+k}}$ und ebenso die z_{u_s0} positiv oder gleich null. Wenden wir uns jetzt dem Minimalisierungsproblem zu. Weil die z_{u_s0} nicht-negativ sind, haben die x_{u_s} das richtige Vorzeichen. Und weil die $z_{0u_{m+k}}$ nicht-negativ sind, haben wir also erneut das Schlußtableau erreicht. Folglich ist das Maximum von B gleich dem Minimum von C.

Damit haben wir den *Dualitätssatz für Lineare Programme* bewiesen. Er lautet wie folgt:

Gegeben sind zwei duale Systeme. Unter der Voraussetzung der Existenz eines endlichen Minimums (Maximums) von C (B) gibt es auch ein Maximum (Minimum) von B (C), und beide Optima sind gleich.

Haben wir eine optimale zulässige Basis-Lösung, so können wir die Konstriktionen benutzen, um die Werte der entsprechenden Basis-Variablen als Linearkombinationen der b_j auszudrücken. Wir können dann diese Ausdrücke für die x_{u_s} in den Ausdruck für C einsetzen und das Resultat als lineare Funktion in den b_j umschreiben. Aus dem Dualitätssatz folgt, daß die Koeffizienten der b_j in dieser Funktion die Werte der Basis-Variablen in der entsprechenden optimalen zulässigen Basis-Lösung des dualen Problems sind. Man nennt dieses Prinzip das Umordnungsprinzip (regrouping principle) (vgl. [8] und [10a]).

Da das Spielproblem ein Sonderfall des Linearprogrammierungsproblems ist, haben wir damit einen neuen Beweis für das Minimax-Theorem erbracht.

4. Ehe wir weitergehen, wollen wir uns einen Überblick über einige algebraische Tatsachen verschaffen. Aus den beiden dualen Ungleichungssystemen erhalten wir

$$\sum_j b_j y_{n+j} \leqq \sum_i \sum_j a_{ij} x_i y_{n+j} \leqq \sum_i c_i x_i .$$

Der Dualitätssatz sagt noch mehr aus, nämlich

$$\sum_j b_j y_{n+j} = \sum_i c_i x_i .$$

Folglich genügen die Lösungen der beiden dualen Probleme auch der Ungleichung

$$\sum_j b_j y_{n+j} \geqq \sum_i c_i x_i .$$

Das ist eine schwächere Form der obigen Gleichung. Es folgt, daß die Lösung des folgenden Systems von Ungleichungen ohne Optimalisierungsforderung den optimalen zulässigen Lösungen beider Systeme eines dualen Paares gleichwertig ist:

$$\begin{aligned}
&\sum_i a_{ij} x_i \geqq b_j && (i = 1, \ldots, n) \\
&\sum_j a_{ij} y_{n+j} \leqq c_i && (j = 1, \ldots, m) \qquad \text{(I)} \\
&\sum_j b_j y_{n+j} \geqq \sum_i c_i x_i && \\
&x_i \geqq 0,\ y_{n+j} \geqq 0. &&
\end{aligned}$$

Das letzte Ergebnis wirft einiges Licht auf die Frage der Verwandlung eines Linearprogrammierungsproblems in ein Spielproblem. Das ist eine vernünftige Frage, denn wir wissen schon, daß die umgekehrte Verwandlung immer möglich ist. Betrachten wir das Spiel, das durch folgende Auszahlungsmatrix definiert ist:

$$\begin{matrix}
0 & \ldots & 0 & -a_{11} & \ldots & -a_{n1} & b_1 \\
\vdots & & \vdots & \vdots & & \vdots & \vdots \\
0 & \ldots & 0 & -a_{1m} & \ldots & -a_{nm} & b_m \\
a_{11} & \ldots & a_{1m} & 0 & \ldots & 0 & -c_1 \\
\vdots & & \vdots & \vdots & & \vdots & \vdots \\
a_{n1} & \ldots & a_{nm} & 0 & \ldots & 0 & -c_n \\
-b_1 & \ldots & -b_m & c_1 & \ldots & c_n & 0
\end{matrix}$$

Es handelt um eine schiefsymmetrische Matrix, und daher ist der Wert des Spiels gleich null (siehe Schluß von Kapitel I). Verwandeln wir es in ein Linearprogrammierungsproblem:

$$\begin{aligned}
&a_{1j} x_1' + \cdots + a_{nj} x_n' - b_j z && \geqq \nu \quad \text{für alle } j \\
&- a_{i1} y_{n+1}' - \cdots - a_{im} y_{n+m}' + c_i z && \geqq \nu \quad \text{für alle } i \\
&\sum_j b_j y_{n+j}' - \sum_i c_i x_i' && \geqq \nu \\
&\sum_j y_{n+j}' + \sum_i x_i' + z && = 1 \\
&x_1' \geqq 0,\ y_{n+j}' \geqq 0 &&
\end{aligned}$$

Maximalisiere ν.

Nun ist das Maximum von v gleich null und wir können auf den rechten Seiten der Ungleichungen v durch null ersetzen. Ein Spiel hat immer eine Lösung. Wenn unser Spiel eine Lösung mit $z \neq 0$ hat, teilen wir die Ungleichungen durch z, und $x_i'/z = x_i$, und $y_{n+j}'/z = y_{n+j}$ ist eine Lösung von (I) und damit der dualen Systeme. (Vgl. [15] Kapitel XX). Umgekehrt: Wenn x_i und y_{n+j} endliche, optimalisierende Werte der Variablen eines Linearprogrammierungsproblems und seines dualen Systems sind, dann ist

$$\left(\frac{x_i}{\sum\limits_i x_i + \sum\limits_j y_{n+j} + 1}, \frac{y_{n+j}}{\sum\limits_i x_i + \sum\limits_j y_{n+j} + 1}, \frac{1}{\sum\limits_i x_i + \sum\limits_j y_{n+j} + 1}\right)$$

eine Optimalstrategie des oben definierten Spieles. Wenn folglich das Linearprogrammierungsproblem (und also auch sein Dual) eine endliche optimale zulässige Lösung hat, dann hat das Spiel wenigstens eine Lösung mit $z \neq 0$. Als Beispiel für ein Spiel, das eine Lösung mit $z = 0$ hat, und weitere mit $z \neq 0$, betrachte man das Linearprogrammierungsproblem $-x_2 \geqq 0$, $x_1 + x_2 \geqq 1$, minimalisiere x_1.

5. Bei der Ableitung des Dualitätssatzes wurde die Existenz einer endlichen optimalen zulässigen Lösung eines Systems vorausgesetzt. Es ergab sich daraus die Existenz einer endlichen optimalen zulässigen Lösung für das andere System. Wir müssen jedoch die Bedingungen untersuchen, unter denen diese beiden endlichen Lösungen existieren.

Man kann folgern, daß B nach oben unbeschränkt ist, wenn es für ein u_s ein negatives $z_{u_s 0}$ gibt und gleichzeitig alle $-z_{u_s u_{m+k}}$ für dieses u_s negativ oder gleich null wären. Gleichzeitig fänden wir im x-Tableau den Wert für x_{u_s} negativ, aber alle anderen Werte in dieser Zeile positiv oder gleich null. Dann läßt sich die in der x_{u_s} zugeordneten Zeile enthaltene Information folgendermaßen schreiben:

$$x_{u_s} + \sum_{k=1}^{u} z_{u_s u_{m+k}} x_{u_{m+k}} = z_{u_s 0}.$$

Die linke Seite ist positiv oder gleich null, die rechte Seite negativ. Wenn demnach das y-System eine unbeschränkte Linearform besitzt, enthält das duale x-System einen Widerspruch. Auf gleiche Weise läßt sich zeigen, daß x und y in dieser Überlegung ihre Rollen vertauschen können. Das besagt nicht, daß aus der Widersprüchlichkeit eines Systems folgt, daß sein Dual eine unbeschränkte Linearform hat; das duale System kann ebenso widersprüchlich sein. Man betrachte z. B. das System $x_1 - x_2 \geqq 2$, $-x_1 + x_2 \geqq -1$, $C = x_1 - 2x_2$ und sein Dual $y_1 - y_2 \leqq 1$, $-y_1 + y_2 \leqq -2$, $B = 2y_1 - y_2$.

6. Nehmen wir an, daß wir ein System eines dualen Paares nach der Simplex-Methode bearbeiten, während wir parallel dazu das andere Paar so behandeln, wie wir es zum Beweis des Dualitätssatzes beschrieben haben. Mit der Behandlungsweise des zweiten Systems erhalten wir eine neue Methode für die Lösung des Linearprogrammierungsproblems, die auf C. E. Lemke zurückgeht (siehe [18]). Wir nennen diese neue Methode *Dual-Simplex-Methode.*

Die Regeln für die Dual-Simplex-Methode lassen sich folgendermaßen beschreiben (dabei sprechen wir, wie bisher, von einem x-Tableau, wenn die Linearform minimalisiert, von einem y-Tableau, wenn sie maximalisiert werden soll):

Wir haben ein

$\begin{pmatrix} x\text{-} \\ y\text{-} \end{pmatrix}$ Tableau, in dem alle $\begin{pmatrix} z_{0u_{m+k}} & \text{nicht-positiv} \\ z_{u_s 0} & \text{nicht-negativ} \end{pmatrix}$ sind.

Wenn die $\begin{pmatrix} z_{u_s 0} \\ -z_{0u_{m+k}} \end{pmatrix}$ alle positiv oder gleich null sind,

sind wir fertig. Wenn nicht, müssen wir eine Basis-Variable und eine Nicht-Basis-Variable finden, um sie gegeneinander auszutauschen.

Ihre Auswahlprinzip läßt sich aus dem für das duale Tableau ableiten, das wir uns nach der Simplex-Methode behandelt denken.

Dual-Simplex-Methode	*Simplex-Methode*
Entscheide, welche Variable auszuscheiden ist durch Auswahl einer Variablen mit negativem $\begin{pmatrix} z_{u_s 0} \\ -z_{0 u_{m+k}} \end{pmatrix}$.	Entscheide, welche Variable eingeführt werden soll durch Auswahl einer der Variablen $\begin{pmatrix} y_{u_s} \\ x_{u_{m+k}} \end{pmatrix}$ mit einem $\begin{pmatrix} \text{negativen } z_{u_s 0} \\ \text{positiven } z_{0 u_{m+k}} \end{pmatrix}$.
Die so ausgewählte Zeile sei die $\begin{pmatrix} x_{u_r} \\ y_{u_{m+h}} \end{pmatrix}$ zugeordnete.	Die so ausgewählte Spalte sei die $\begin{pmatrix} y_{u_r} \\ x_{u_{m+h}} \end{pmatrix}$ zugeordnete.
Betrachte alle $\begin{pmatrix} \text{negativen } z_{u_r u_{m+k}} \\ \text{positiven } z_{u_s u_{m+h}} \end{pmatrix}$ und teile sie durch $\begin{pmatrix} z_{0 u_{m+k}} \\ z_{u_s 0} \end{pmatrix}$.	Betrachte alle positiven $\begin{pmatrix} -z_{u_r u_{m+k}} \\ z_{u_s u_{m+h}} \end{pmatrix}$ und teile sie durch $\begin{pmatrix} -z_{0 u_{m+k}} \\ z_{u_s 0} \end{pmatrix}$.
Suche den kleinsten Bruch auf (der positiv sein wird) und bestimme die einzuführenden Variablen $\begin{pmatrix} x_{u_{m+h}} \\ y_{u_r} \end{pmatrix}$.	Suche den kleinsten Bruch auf (der positiv sein wird) und bestimme damit die zu entfernende Variable $\begin{pmatrix} y_{u_{m+h}} \\ x_{u_r} \end{pmatrix}$.

Im Verlaufe dieser Schritte wird der Wert der Linearform $\begin{pmatrix} C \text{ zunehmen} \\ B \text{ abnehmen} \end{pmatrix}$, weil sie ständig dem entsprechenden $\begin{pmatrix} B \\ C \end{pmatrix}$ im dualen Tableau gleich bleibt. Das scheint eine Veränderung in falscher Richtung zu bedeuten. Die Erklärung liegt darin, daß ein negatives Vorzeichen einer Basis-Variablen anzeigt, daß wir einen Wert der Linearform erreicht haben, der über das Ziel hinausgeschossen ist und nicht durch eine zulässige

Lösung erreicht werden kann. Wenn die auszutauschenden Variablen bestimmt sind, stellt man das nächste Tableau nach den geläufigen Transformationsregeln auf.

7. Natürlich hat auch die Dual-Simplex-Methode ihre Schwierigkeiten, die dual zu denen in Kapitel VII gelöst werden. Wir können ihnen allen begegnen, indem wir uns der Überlegungen bedienen, mit denen wir den Schwierigkeiten der Simplex-Methode zuleibe gegangen sind.

(a) Wie fängt man an?

In der Simplex-Methode benutzen wir eine Form der M-Methode mit einer künstlichen Variablen (VII.6). Hier wollen wir das Dual dieses Verfahrens entwickeln.

Nehmen wir an, daß wir das System nach m Variablen auflösen und ferner die Linearform in Abhängigkeit der Nicht-Basis-Variablen $x_{u_{m+k}}$ $(k = 1, \ldots, n)$ ausdrücken. Wenn alle Koeffizienten in der Linearform das richtige Vorzeichen haben, können wir ohne Schwierigkeiten mit der Dual-Simplex-Methode anfangen. Wenn aber in der Linearform falsche Vorzeichen auftreten, sagen wir bei den Variablen $x_{i_1}, \ldots, x_{i_g}$, dann stellen wir eine „künstliche" Gleichung auf: $x_{i_1} + \cdots + x_{i_g} + x_0 = M$.

Man suche aus allen Koeffizienten mit falschen Vorzeichen denjenigen mit dem größten Absolutwert heraus. Dieser sei der Koeffizient d_{i_f} von x_{i_f}.

Dann nehme man x_{i_f} als weitere Basis-Variable, löse die künstliche Gleichung danach auf und setze den erhaltenen Ausdruck in die Konstriktionen und in die Linearform ein. Die Variable x_{i_f} verschwindet somit aus der Linearform und alle Koeffizienten haben das erwünschte Vorzeichen.

Zur Erläuterung betrachten wir den zu Beispiel 2 aus Kapitel V dualen Fall. (Siehe auch VII.4 und Abb. V.2.) Maximalisiere

$$-2\,y_6 + 2\,y_7 + 5\,y_8$$

unter den Konstriktionen:

$$\begin{aligned}
-2y_6 + y_7 + y_8 + y_1 &= -1\\
y_6 - 2y_7 + y_8 + y_2 &= 1\\
y_6 + y_3 &= 0\\
y_7 + y_4 &= 0\\
y_8 + y_5 &= 0
\end{aligned}$$

für nicht-negative y_1, y_2, y_3, y_4, y_5.

Wenn wir y_6, y_7, und y_8 eliminieren, erhalten wir:

Maximalisiere

$$2y_3 - 2y_4 - 5y_5$$

unter den Konstriktionen:

$$\begin{aligned}
2y_3 - y_4 - y_5 + y_1 &= -1\\
-y_3 + 2y_4 - y_5 + y_2 &= 1
\end{aligned}$$

für nicht-negative y_j.

Wir fügen die Gleichung $y_3 + y_0 = M$ hinzu, eliminieren y_3 und erhalten:

Maximalisiere

$$2M - 2y_0 - 2y_4 - 5y_5$$

unter den Konstriktionen:

$$\begin{aligned}
-2y_0 - y_4 - y_5 + y_1 &= -1 - 2M\\
y_0 + 2y_4 - y_5 + y_2 &= 1 + M\\
y_0 + y_3 &= M
\end{aligned}$$

für nicht-negative y_j.

Dies führt nacheinander zu folgenden Tableaux:

		M	y_0	y_4	y_5
			−2	−2	−5
y_1	−1	−2	−2*	−1	−1
y_2	1	1	1	2	−1
y_3		1	1	0	0
		2	2	2	5

Hier haben wir eine M-Spalte statt einer M-Zeile. Die künstliche Variable wird sofort ausgetauscht, und wir brauchen sie nicht länger zu berücksichtigen.

Die weiteren Tableaux sind:

			y_1	y_4	y_5
				-2	-5
	y_2	$1/2$	$1/2$	$3/2$	$-3/2$
2	y_3	$-1/2$	$1/2$	$-1/2^*$	$-1/2$
		-1	1	1	4

			y_1	y_3	y_5
				2	-5
	y_2	-1	2	3	-3^*
-2	y_4	1	-1	-2	1
		-2	2	2	3

			y_1	y_3	y_2
				2	
-5	y_5	$1/3$	$-2/3$	-1	$-1/3$
-2	y_4	$2/3$	$-1/3$	-1	$1/3$
		-3	4	5	1

Ein Vergleich der dualen Sätze von Tableaux illustriert alle erwähnten Eigenschaften, und es wird dem Leser empfohlen, die Duale der anderen Beispiele aus Kapitel V in gleicher Weise auszuarbeiten.

8. Im letzten Abschnitt haben wir den dualen Fall zu Beispiel 2 aus Kapitel V nach der Dual-Simplex-Methode gelöst. Natürlich können wir genauso das ursprüngliche Beispiel 2 nach dieser Methode bearbeiten. Wir fügen $x_1 + x_0 = M$ hinzu. Die in Abb. V.2 mit (O) bezeichnete Gerade genügt

der Gleichung $x_1 = M$, wobei M so groß ist, daß die Gerade jenseits aller Schnittpunkte der anderen Geraden verläuft. Wir bekommen die folgenden Tableaux, die natürlich zum gleichen Endergebnis führen, wie wir es nach der Simplex-Methode in VII.4 gewonnen haben:

			M	x_2	x_0
				1	1
	x_3	-2	2	1	2
	x_4	2	-1	-2^*	-1
	x_5	5	-1	1	-1
-1	x_1		1	0	1
			-1	-1	-1

			M	x_4	x_0
					1
	x_3	-1	$^3/_2$	$^1/_2$	$^3/_2$
1	x_2	-1	$^1/_2$	$-^1/_2$	$^1/_2$
	x_5	6	$-^3/_2$	$^1/_2$	$-^3/_2{}^*$
-1	x_1		1	0	1
		-1	$-\frac{1}{2}$	$-\frac{1}{2}$	$-\frac{1}{2}$

Von jetzt an brauchen wir x_0 nicht mehr weiter zu berücksichtigen.

			x_4	x_5
	x_3	5	1	1
1	x_2	1	$-^1/_3$	$^1/_3$
-1	x_1	4	$^1/_3$	$^2/_3$
		-3	$-^2/_3$	$-^1/_3$

Wir haben angefangen mit $x_2 = x_0 = 0$; das entspricht dem Punkt e in Abb. V.2. Er liegt auf der falschen Seite von $x_4 = 0$ und von $x_5 = 0$. Daraus folgen die negativen Werte dieser Variablen im ersten Tableau (erinnern wir uns: M ist groß gegenüber allen Zahlen, mit denen es während der Rechnung verglichen wird). Andererseits haben die Koeffizienten der Linearform bereits das richtige, nämlich negative Vorzeichen.

Das heißt: Wenn wir eine der beiden Nicht-Basis-Variablen zunehmen ließen, deren Geraden sich im Punkt e schneiden, wenn wir uns also auf einer der beiden sich schneidenden Geraden in einer Richtung fortbewegen, die durch die „Schraffur“ der anderen Geraden nicht verboten ist, dann bewegen wir uns von der Richtung fort, in der die Linearform günstigere Werte annimmt. Und in dieser Richtung müssen wir uns in der Tat bewegen, weil, wie wir wissen, der Wert der in die Basis einzuführenden Variablen von 0 auf einen positiven Wert wächst. Es bleibt zu entscheiden, auf welcher der beiden Geraden wir uns zu bewegen haben.

Wir wollen uns aus einem „schraffierten“ Gebiet zu seiner Grenze bewegen, d. h., in diesem Falle, wollen wir entweder x_4 oder x_5 aus der Basis eliminieren. Wir haben uns für x_4 entschieden, folglich bewegen wir uns auf die Gerade $x_4 = 0$ zu. Wenn jetzt der Punkt b ein extremer Punkt auf dieser Geraden ist, dann kann der Punkt f auf dieser Geraden es nicht sein, weil nämlich die Richtung von b nach f die umgekehrte ist wie die von f nach b. So sind die Gerade und die Bewegungsrichtung eindeutig bestimmt: erst nach f und dann nach c. Hier sind wir endlich in einem zulässigen Punkt angelangt. Das Problem ist gelöst.

9. (b) Gibt es eine beschränkte Lösung?

Alles Nötige hierzu ist schon in Kapitel VII gesagt worden. Wir wissen, daß die Existenz einer unbeschränkten Lösung das Dual zu widersprüchlichen Konstriktionen ist. Da die M-Methode ein Kriterium für den Sachverhalt liefert, versteht es sich von selbst, daß das eben behandelte Dual zur M-Methode ein Verfahren darstellt, um festzustellen, ob die Lösung unbeschränkt ist oder nicht. Das haben wir in VII.10 untersucht.

10. (c) Welche Variable soll in die Basis eingeführt werden?

Das Hilfsmittel — im Falle eines Dilemmas — ist wiederum das Dual des entsprechenden Falles in Kapitel VII. Wir brauchen keine Polynome in ε zu betrachten, da wir die Regel direkt aus der in VII.12 angegebenen ableiten können. Die sich dabei ergebende Regel ist buchstäblich dieselbe wie die für die Simplex-Methode, nur daß die durch die gleichen Symbole bezeichneten Größen natürlich an anderen Stellen des entsprechenden dualen Tableaus zu finden sind.

11. Schließlich sei noch erwähnt: Wenn wir die M-Methode vermeiden wollen, können wir uns einer Kombination von Simplex und Dual-Simplex-Methode bedienen. Wir lösen zuerst die Konstriktionen nach m Variablen auf und drücken die Linearform in Abhängigkeit von den übrigen Variablen aus. Wenn dann die Konstanten der Konstriktionen alle nicht-negativ sind, können wir nach der Simplex-Methode verfahren. Wenn die Koeffizienten in der Linearform alle das richtige Vorzeichen haben, können wir die Dual-Simplex-Methode benutzen. Ist hingegen beides nicht der Fall, können wir die Linearform durch eine andere Linearform mit Koeffizienten mit richtigen Vorzeichen ersetzen und das so modifizierte Problem durch die Dual-Simplex-Methode lösen. Das führt zu einer zulässigen Basis-Lösung des ursprünglichen Problems, das dann mit der Simplex-Methode angegangen werden kann.

IX. Lösung von Spielen

1. In diesem Kapitel wollen wir unser Wissen über Linearprogrammierung auf die Lösung von Spielen anwenden. Wir wissen, daß jedes Spiel als Linearprogrammierungsaufgabe formuliert werden kann (siehe III.4), und deren Lösung liefert auch eine Lösung für das Spiel. Aber die Besonderheiten des Spielproblems erlauben, wie sich zeigen wird, eine gewisse Spezialbehandlung.

Wir haben in Kapitel VIII dargelegt, daß sich jedes Simplex-Tableau gleichzeitig auf zwei duale Probleme bezieht. Da die Probleme beider Spieler in einem Zwei-Personen-

Nullsummen-Spiel in diesem Sinne dual sind, können wir beide Probleme gleichzeitig lösen und den Wert des Spieles bestimmen.

Das Problem von B stellt sich in der folgenden Linearprogrammierungs-Form dar:

$$y_1 + \cdots + y_m = 1$$

$$a_{i1}y_1 + \cdots + a_{im}y_m + y_{m+i} = v \qquad (i = 1, \ldots, n).$$

Minimalisiere v für nicht-negative Variable.

Die Größe v ist natürlich keine Konstante, wir können jedoch die Konstriktionen in eine uns geläufigere Form bringen, die sich indessen von der in III.4 unterscheidet. Ohne Einschränkung der Allgemeinheit dürfen wir annehmen, daß die Konstriktionen so geordnet sind, daß für alle i $a_{n1} \geqq a_{i1}$ gilt. Man subtrahiere die zweite, ... usw. Gleichung von der letzten und drücke die Linearform durch die letzte Gleichung aus. Das ergibt:

$$y_1 + \cdots + y_m = 1$$

$$(a_{n1} - a_{i1})\, y_1 + \cdots + (a_{nm} - a_{im})\, y_m + y_{m+n} - y_{m+i} = 0$$
$$\text{für } i = 1, \ldots, n-1.$$

Minimalisiere $a_{n1}y_1 + \cdots + a_{nm}y_m + y_{m+n}$.

Wir haben jetzt n Konstriktionen in $n + m$ Variablen. Die erste zulässige Basis-Lösung ist ohne Schwierigkeit zu finden. Wir wählen $y_1 = 1$, $y_{m+n} = a_{n1} - a_{11}, \ldots, y_{m+n-1} = = a_{n1} - a_{n-11}$. Der Wert der Linearform ergibt sich dann zu a_{n1}. Wir bekommen nach der Methode der inversen Matrix:

$$(A) = \begin{pmatrix} 1 & 0 & 0 & 0 \\ a_{n1} - a_{11} & -1 & 0 & 0 \\ a_{n1} - a_{n-11} & 0 & -1 & 0 \\ -a_{n1} & 0 & 0 & 1 \end{pmatrix}$$

Es läßt sich leicht verifizieren, daß die inverse Matrix $(A)^{-1}$ identisch ist mit (A), mit der Ausnahme, daß in der linken unteren Ecke a_{n1} steht statt $-a_{n1}$. Wir bemerken, daß die Größen in der ersten Spalte von $(A)^{-1}$ exakt die Werte der Basis-Variablen und der Linearform sind. Da die 0-te Spalte von (M) nur eine 1 in der ersten Zeile und sonst Nullen enthält, behält die erste Spalte von $(A)^{-1}$ weiterhin ihre Bedeutung.

Wir erläutern das an folgendem Spiel, das in I.3 erwähnt wurde:

$$\begin{pmatrix} -1 & 1 & 1 \\ 2 & -2 & 2 \\ 3 & 3 & -3 \end{pmatrix}$$

Die (M)-Matrix sieht folgendermaßen aus:

	y_1	y_2	y_3	y_4	y_5	y_6	
1	1	1	1	0	0	0	0
0	4	2	−4	−1	0	1	0
0	1	5	−5	0	−1	1	0
0	−3	−3	3	0	0	−1	1

Wir beginnen mit der Basis y_1, y_4 und y_5. Wir erhalten sukzessiv die folgenden Tableaux (die Spalte von z_{u_s0} ist identisch mit der ersten Spalte und braucht nicht wiederholt zu werden):

						z_{u_s3}		S_s
(y_1)	1	0	0	0		1		$^1/_6$
(y_4)	4	−1	0	0		8		$^4/_3$
(y_5)	1	0	−1	0		6		$-^1/_6$
	3	0	0	1		6		1
					0	6	−1	
					(x_2)	(x_3)	(x_6)	

(y_1)	$^5/_6$	0	$^1/_6$	0	$^5/_3$			$^5/_{22}$
(y_4)	$^8/_3$	-1	$^4/_3$	0	$^{22}/_3$			$-^3/_{22}$
(y_3)	$^1/_6$	0	$-^1/_6$	0	$-^2/_3$			$-^1/_{11}$
	2	0	1	1	4			$^6/_{11}$
					4	-1	0	
					(x_2)	(x_5)	(x_6)	

(y_1)	$^5/_{22}$	$^5/_{22}$	$-^3/_{22}$	0			
(y_2)	$^4/_{11}$	$-^3/_{22}$	$^2/_{11}$	0			
(y_3)	$^9/_{22}$	$-^1/_{11}$	$-^1/_{22}$	0			
	$^6/_{11}$	$^6/_{11}$	$^3/_{11}$	1			
					$-^6/_{11}$	$-^3/_{11}$	$-^2/_{11}$
					(x_4)	(x_5)	(x_6)

Alle z_{0k} sind negativ, folglich haben wir das Endtableau erreicht.

Wir wissen aus Kapitel VIII.1 (Gleichungen (X) und (Y)), daß $-z_{0u_{m+k}}$ der Wert von y_{m+k} im dualen System ist und folglich $(^6/_{11}, {}^3/_{11}, {}^2/_{11})$ die Optimalstrategie für A darstellt. Der Wert des Spieles ist $^6/_{11}$. Es ist von Nutzen, daß sich in der hier verwendeten Schreibweise nur die Endwerte von x_4, x_5 und x_6, bzw. y_1, y_2 und y_3 auf Strategien beziehen, während irgendwelche Zusatz-Variable, sofern sie in der endgültigen Lösung auftreten, von diesem Standpunkt aus nicht berücksichtigt werden dürfen.

2. Wir zeigen jetzt eine Methode zur Lösung von Spielen, die für kleine Auszahlungsmatrizen recht brauchbar ist. Man betrachte die dualen Ungleichungssysteme, wie sie in einem Spielproblem auftreten (siehe III.4 und VIII.2), und stelle die ersten Basen aus den Zusatz-Variablen zusammen, die nicht in der Linearform auftreten. Wenn dann bei einem der späteren Schritte eine Nicht-Zusatz-Variable in die Basis eingeführt wird, so geschieht das gleichzeitig in beiden Systemen.

Folglich erscheint in der endgültigen Lösung die gleiche Anzahl von Nicht-Zusatz-Variablen in beiden Schlußtableaux.

Mit anderen Worten: Am Ende hat für beide Spieler die gleiche Anzahl von Zusatz-Variablen den Wert null. Diese Anzahl sei r. Dann gibt es in beiden Systemen r Gleichungen in r Nicht-Zusatz-Variablen, die die Optimalstrategien für beide Spieler liefern. Ohne Einschränkung der Allgemeinheit dürfen wir annehmen, daß dieses die ersten r Gleichungen sind und daß gemäß den Bezeichnungen von III.4 $x_1', \ldots, x_r'$ und $y_1', \ldots, y_r'$ die Variablen sind. Wir erhalten

$$\begin{array}{l} a_{11}x_1' + \cdots + a_{r1}x_r' - v = 0 \\ \vdots \qquad\qquad \vdots \\ a_{1r}x_1' + \cdots + a_{rr}x_r' - v = 0 \\ \quad x_1' + \cdots + x_r' \qquad\quad = 1, \end{array}$$

und entsprechendes gilt, mit transponierten a_{ij}, für $y_1, \ldots, y_r$.

Die Lösung ist:

$$x_i' = \frac{\det\begin{pmatrix} a_{11} \cdots a_{i-1\,1} & 0 & a_{i+1\,1} \cdots a_{r1} & -1 \\ \vdots \quad\;\; \vdots & \vdots & \vdots \quad\;\; \vdots & \vdots \\ a_{1r} \cdots a_{i-1\,r} & 0 & a_{i+1\,r} \cdots a_{rr} & -1 \\ 1 \cdots 1 & 1 & 1 \cdots 1 & 0 \end{pmatrix}}{\det\begin{pmatrix} a_{11} \cdots a_{r1} & -1 \\ \vdots \quad\;\; \vdots & \vdots \\ a_{1r} \cdots a_{rr} & -1 \\ 1 \cdots 1 & \cdots 0 \end{pmatrix}}$$

Entsprechendes ergibt sich für y_j'.

Wenn wir im Zähler die i-te Spalte mit der letzten vertauschen, stellen wir fest, daß er gleich $\sum_j A_{ji}$ ist, wobei die A_{ji} die Adjunkten der a_{ij} in der Determinante der a_{ij} $(i, j = 1, \ldots, r)$ sind. In Anbetracht der letzten Konstriktion muß der Nenner gleich $\sum_j \sum_j A_{ji}$ sein. Wir bekommen

$$v = \sum_i a_{ij} x_i' \text{ für alle } j, \text{ und } v = \sum_j a_{ij} y_j' \text{ für alle } i.$$

Nun wissen wir nicht, welche Untermatrix r-ter Ordnung der Auszahlungsmatrix zur endgültigen Lösung führt. Darum müssen wir sie alle betrachten — alle Untermatrizen der Ordnung $1, 2, \ldots, \min(m, n)$ — und die entsprechenden Gleichungen wie oben lösen. Sind einige der sich ergebenden x_i' oder y_j' negativ, dann ist die Untermatrix, die zu diesem Ergebnis geführt hat, irrelevant für die Lösung des Spieles. Aber selbst wenn alle nicht-negativ sind, reicht das noch nicht hin. Auch die anderen Variablen müssen nicht-negativ sein, d. h. es müssen Ungleichungen folgender Typen

$$a_{1r+t} x_1' + \cdots + a_{rr+t} x_r' \geqq v = a_{11} x_1' + \cdots + a_{r1} x_r'$$

und

$$a_{r+s1} y_1' + \cdots + a_{r+sr} y_r' \leqq v = a_{11} y_1' + \cdots + a_{1r} y_r'$$

für alle $t = 1, \ldots, n - r$ und $s = 1, \ldots, m - r$ gelten. Wenn sie erfüllt sind, haben wir eine Lösung. (Auch hier ist die Bezeichnungsweise gewählt, nach der die x_i' und y_j' die r ersten Variablen ihrer Systeme sind.)

Ein Spielproblem kann keine unbeschränkte Lösung haben, weil nämlich das duale Problem immer eine Lösung besitzt. Wenn wir also alle optimalen zulässigen Basis-Lösungen des entsprechenden Linearprogrammierungs-Problems gefunden haben, dann wissen wir, nach dem Beweis in VI.8, daß wir alle Lösungen des Spielproblems kennen; denn sie sind alle Linearkombinationen derjenigen Lösungen, die optimalen zulässigen Basis-Lösungen des Spielproblems entsprechen.

3. Wenden wir diesen Gedankengang auf das Spiel

$$\begin{pmatrix} 4 & 1 & 3 \\ 2 & 3 & 4 \end{pmatrix}$$

an. Für $r = 1$ bedeutet die Suche nach einer Lösung lediglich die nach einem Sattelpunkt. In diesem Spiel gibt es keinen. Nehmen wir jetzt alle Untermatrizen des Grades 2, also:

$$\begin{pmatrix} 4 & 1 \\ 2 & 3 \end{pmatrix} \quad \begin{pmatrix} 4 & 3 \\ 2 & 4 \end{pmatrix} \quad \begin{pmatrix} 1 & 3 \\ 3 & 4 \end{pmatrix}$$

Die dritte Untermatrix scheidet aus, weil nämlich in ihr die zweite Zeile die erste dominiert und ebenso die erste Spalte die zweite. Also kann die Gleichung $y_1' + 3y_2' = 3y_1' + 4y_2'$, beziehungsweise die Gleichung $x_1' + 3x_2' = 3x_1' + 4x_2'$ unmöglich nicht-negative Werte aller Variablen in ihren Lösungen haben. Die erste Matrix liefert $4x_1' + 2x_2' = x_1' + 3x_2'$, $x_1' + x_2' = 1$, also $x_1' = {}^1/_4$ und $x_2' = {}^3/_4$. Auf die gleiche Weise erhalten wir $y_1' = y_2' = \frac{1}{2}$. Die Ungleichung $3 \times {}^1/_4 + 4 \times {}^3/_4 \geqq \nu = {}^5/_2$ ist erfüllt, folglich haben wir eine Lösung gefunden. Wenn wir die zweite Matrix ebenso behandeln, erhalten zwar positive Werte, aber die notwendig zu erfüllende Ungleichung ist nicht erfüllt. Wenn A trotzdem die Werte benutzen würde, wie sie aus der zweiten Matrix folgen, könnte ihn B „reinlegen", indem er als Antwort seine zweite Strategie spielte. Folglich gibt es für dieses Spiel nur eine Lösung.

X. Graphische Darstellung der Linearprogrammierung (2. Teil)

1. Wir zeigen jetzt ein geometrisches Modell, das die Darstellung von II.2 und den folgenden Abschnitten verallgemeinert. Wir betrachten das System:

$$a_{11}y_1 + \cdots + a_{1m}y_m + y_{m+1} = c_1$$
$$a_{21}y_1 + \cdots + a_{2m}y_m + y_{m+2} = c_2$$

Die Linearform $b_1y_1 + \cdots + b_my_m = B$ ist für nicht-negative Variable zu maximalisieren.

Wir nehmen an, daß keine der Konstanten c_i oder b_j gleich null ist. Andernfalls gelten entsprechende Modifikationen.

Wir dividieren jede Gleichung durch ihre rechte Seite, führen $b_j y_j$ als neue Variable ein und definieren die Koeffizienten in geeigneter Weise um. Dann sieht das System folgendermaßen aus: (die Variablen sind natürlich von den vorigen verschieden)

$$a_{11}y_1 + \cdots + a_{1m}y_m + (1/c_1)\, y_{m+1} = 1$$
$$a_{21}y_1 + \cdots + a_{2m}y_m + (1/c_2)\, y_{m+2} = 1$$

Maximalisiere $y_1 + \cdots + y_m = B$.

Die neuen Variablen sind nicht notwendig auf nicht-negative Werte beschränkt: diejenigen y_j, die für eine Variable mit negativem Koeffizienten b_j in der Linearform stehen, sind jetzt auf *nicht-positive* Werte beschränkt. Ohne Einschränkung der Allgemeinheit können wir annehmen, daß die $y_1, \ldots, y_f$ nicht-negativ und die übrigen — wenn es noch solche gibt — $y_{f+1}, \ldots, y_m$ nicht-positiv sind. Die Variablen y_{m+1} und y_{m+2} sind weiterhin nicht-negativ, denn es sind dieselben geblieben.

Zuerst nehmen wir an, daß $B = 1$ ist. Wie in Kapitel II betrachten wir die Punkte $P_j = (a_{1j}, a_{2j})$ für $j = 1, \ldots, m+2$ in einem kartesischen Koordinatensystem.

Es muß jetzt gezeigt werden, wie man den Bereich aller Punkte bestimmt, deren Koordinaten sich aus denen der P_j ergeben, indem man diese je nachdem mit nicht-negativen oder nicht-positiven Gewichten y_j belegt, während $B = 1$ ist.

Wenn alle ursprünglichen b_j positiv sind (ungleich null) und $B = 1$, dann sind alle durch die linken Seiten der Konstriktionen bestimmten Punkte diejenigen der konvexen Hülle der P_j. Wenn nur einige b_j positiv sind, etwa $b_1, \ldots, b_f$, erhalten wir mit Sicherheit alle Punkte in der konvexen Hülle $P_1, \ldots, P_f$. Dieser Bereich wird jedoch durch den Einfluß von $y_{f+1}, \ldots, y_{m+2}$ erweitert; das wollen wir jetzt untersuchen. Nehmen wir die Variablen y_{m+1} und y_{m+2}, deren Koeffizienten in der Linearform gleich null sind. Welchen Wert sie auch immer annehmen, der Wert der Linearform wird dadurch nicht betroffen. Aber sie bewirken eine Addition auf den linken Seiten der Konstriktionen. Dabei beeinflußt jede dieser beiden Variablen je eine der linken Seiten. Die beiden Gewichte y_{m+1} und y_{m+2} werden also den schon erhaltenen Bereich erweitern, indem wir diesen unbeschränkt parallel zu den beiden Richtungen von 0 nach P_{m+1} und von 0 nach P_{m+2}, also in Richtung wachsender Ordinaten und Abszissen, verschieben.

Nehmen wir jetzt einen Punkt P_s, dem ein negatives Gewicht zugeordnet ist, und einen beliebigen P_t in dem bislang erhaltenen Bereich. Dann können wir diesen erweitern in der Richtung parallel zu der von P_s nach P_t.

Diese Konstruktion versagt, wenn alle b_j negativ sind (was jedoch in einem Spielproblem nicht passieren kann). In diesem Falle drehen wir die Vorzeichen aller b_j um und fordern die Minimalisierung von B. Dabei dürfen wir nicht vergessen, daß das erreichte Minimum das Negative des eigentlich verlangten Maximums ist.

Wenn wir den Bereich aller Punkte gefunden haben, deren Koordinaten durch die beiden linken Seiten — unter der Voraussetzung: $B = 1$ — gegeben sind, kann man jeden Bereich, der anderen Werten von B entspricht, durch eine Ähnlichkeitstransformation vom Koordinatenursprung aus gewinnen.

Wir wollen, daß B so groß wie möglich wird, und daß der Punkt $c = (1, 1)$ innerhalb dieses Gebietes liegt. Darum wählen wir einen Bereich, der so weit wie möglich hinausgeschoben wird und außerdem den Punkt c enthält. (Das kann natürlich auch eine Kontraktion in Bezug auf den Fall

$B = 1$ bedeuten.) Im allgemeinen wird dann c auf einer Kante zwischen zwei Eckpunkten zu liegen kommen; es werden dann nur zwei y_j in der Lösung von 0 verschiedenen Werte annehmen. In Sonderfällen kann c mit einem der Eckpunkte des Bereiches zusammenfallen oder auf zwei Geraden liegen, deren jede zwei Punkte miteinander verbindet, die aus den P_j hervorgegangen sind.

Nehmen wir wieder das Spiel:

$$\begin{pmatrix} 4 & 1 & 3 \\ 2 & 3 & 4 \end{pmatrix} .$$

Wir erhalten dann das System:

$$\begin{aligned} 4\,y_1 + y_2 + 3\,y_3 + y_4 &= 1 \\ 2\,y_1 + 3\,y_2 + 4\,y_3 + y_5 &= 1 \end{aligned}$$

In dem Diagramm X.1 haben wir die Punkte P_j und den Punkt c eingetragen.

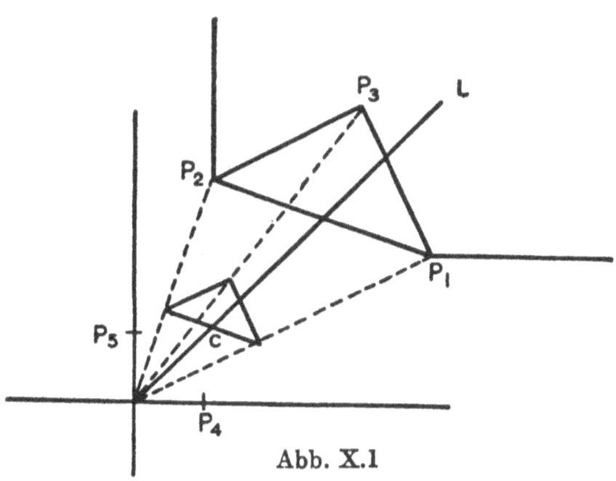

Abb. X.1

In Spielproblemen gehören die Punkte (1, 0) und (0, 1) immer zu den P_j.

Der Bereich, der durch nicht-negative y_j und $B = 1$ gegeben ist, enthält bestimmt P_1, P_2, P_3. Wegen P_4 und P_5 kann dieser Bereich erweitert werden, indem man eine Vertikale durch P_2 nach oben und eine Horizontale durch P_1 nach rechts zeichnet. Der erweiterte Bereich enthält alle Punkte rechts und oberhalb des Linienzuges, der aus der Vertikalen, der Strecke $P_2 P_1$, und der Horizontalen besteht. Der Punkt c wird erfaßt, indem wir den Bereich gegen den Ursprung hin im Verhältnis $1:{}^5/_2$ kontrahieren. Daher gilt $y_1 = y_2 = {}^1/_5$ und $B = {}^2/_5$. Damit ist das äquivalente Linearprogrammierungsproblem gelöst. Um auf das Spiel zurückzukommen, dividieren wir durch ${}^2/_5$ und erhalten die gemischte Strategie ($\frac{1}{2}$, $\frac{1}{2}$). Der Wert des Spiels ist reziprok zu ${}^2/_5$, also ${}^5/_2$.

Wir müssen anmerken, daß wegen der Existenz der Punkte (1, 0) und (0, 1) und ihres Einflusses auf den Bereich das Spielproblem immer eine Lösung hat. In einem Linearprogrammierungsproblem jedoch ist es möglich, daß der Strahl von 0 durch c den Bereich nicht schneidet, und daß darum keine Kontraktion oder Dilatation c in den Bereich einbringen kann. Das ist der Fall bei widersprüchlichen Konstriktionen. Es kann aber auch vorkommen, daß der Bereich auf solche Weise unbeschränkt ist, daß kein endliches Optimum der Linearform existiert.

Wir lassen uns weiterführen durch die Darstellung in Kapitel II und wenden uns zum Problem des Spielers A. Es läßt sich folgendermaßen als Linearprogrammierungsproblem schreiben:

$$\begin{aligned} 4x_1 + 2x_2 &\geqq 1 \\ x_1 + 3x_2 &\geqq 1 \\ 3x_1 + 4x_2 &\geqq 1 \end{aligned}$$

Minimalisiere $x_1 + x_2$ für nicht-negative Variable.

Das ist ein Sonderfall von Ungleichungen in zwei Veränderlichen:

$$a_{11}x_1 + a_{21}x_2 \geqq b_1$$
$$\dots\dots\dots\dots$$
$$a_{1m}y_1 + a_{2m}x_2 \geqq b_m.$$

Minimalisiere $C = c_1x_1 + c_2x_2$ für nicht-negative Variable.

Aus Gründen der Einfachheit nehmen wir wieder an, daß keines der c_i oder b_j gleich null ist. Ein solches System läßt sich in folgende Form bringen:

$$a_{11}x_1 + a_{21}x_2 \geqq 1 \qquad a_{1f+1}x_1 + a_{2f+1}x_2 \leqq 1$$
$$\dots\dots\dots\dots \qquad \dots\dots\dots\dots$$
$$a_{1f}x_1 + a_{2f}x_2 \geqq 1 \qquad a_{1m}x_1 + a_{2m}x_2 \leqq 1$$

Minimalisiere $C = x_1 + x_2$.

Diesmal sind x_1 oder x_2 oder beide nicht-positiv, wenn c_1 oder c_2 oder beide negativ sind.

Als wir den Fall zweier Gleichungen in $m + 2$ Variablen behandelten, wurden diese als Gewichte und die a_{1j} und die a_{2j} als Koordinaten von Punkten aufgefaßt. Wenn wir uns jetzt aber mit zwei Variablen in m Ungleichungen beschäftigen, betrachten wir die Veränderlichen als die Koeffizienten von Geraden-Gleichungen in einer Ebene mit den Koordinaten a_1 und a_2.

Gegeben sei eine Gerade S durch den Ursprung mit der Gleichung $a_1x_1 + a_2x_2 = 0$. Man zeichne eine Parallele zu S durch P_j bis zum Schnitt mit der Geraden L mit der Gleichung $a_1 = a_2$ (a_1 und a_2 sind ja Koordinaten). Der Schnittpunkt heiße Q. Dann hat Q die Abszisse $(x_1a_{1j} + x_2a_{2j})/(x_1 + x_2)$ (vgl. II.3). Mit anderen Worten: $x_1a_{1j} + x_2a_{2j}$ ist die Abszisse eines Punktes $\overline{Q}$ auf L, und zwar so, daß $O\overline{Q}/OQ = x_1 + x_2$, wobei O den Koordinatenursprung bezeichnet. Auf diese Tatsache werden wir später als Hilfssatz zurückgreifen.

Wenn der Wert der Linearform gleich 1 ist, dann ist $\overline{Q} = Q$. Welche Einschränkung bringt dann eine Ungleichung $x_1 a_{1j} + x_2 a_{2j} \geqq 1$ oder $\leqq 1$ für x_1 und x_2 oder für die Gerade $x_1 a_1 + x_2 a_2 = 0$ durch den Ursprung? Nach dem eben erwähnten Hilfssatz muß jede solche Gerade der Bedingung genügen, daß eine Parallele zu ihr durch P_j die Gerade L in einem Punkt schneidet, dessen Abszisse mindestens (bzw. höchstens) gleich 1 ist. Aber mehr noch: wenn sowohl x_1 als auch x_2 nicht-negativ sein dürfen (bzw. nicht-positiv), sind nur Geraden negativen Anstiegs zulässig; wenn sie hingegen verschiedenen Typs sind, müssen die Geraden positiven Anstieg haben.

Zur Erläuterung wählen wir das gleiche Spiel wie eben (Siehe Abb. X.2).

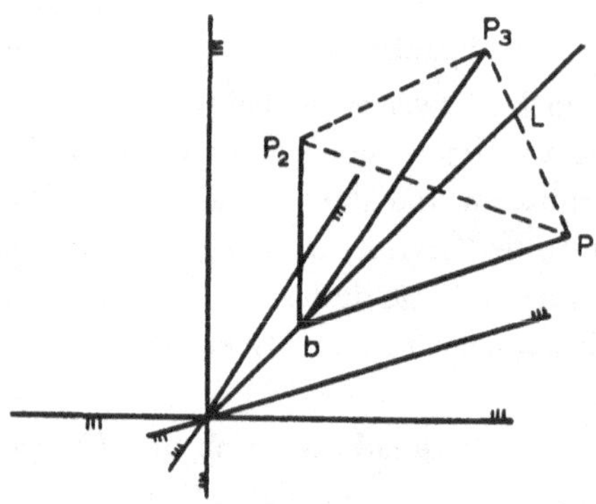

Abb. X.2

Wir haben den Punkt $b = (1, 1)$ eingetragen und durch den Ursprung Parallele zu den Geraden von b nach den P_j ($j = 1, 2, 3$) gezeichnet. Außerdem sind durch Schraffur diejenigen Sektoren gekennzeichnet, in denen die Geraden nicht verlaufen dürfen. Es zeigt sich, daß in diesem Falle alle Geraden mit negativem Anstieg zulässig sind, solange $C = 1$

ist. Aber wir wollen ja C so klein wie möglich machen. Wenn wir einen anderen Wert für C einsetzen, wird die bislang von b gespielte Rolle durch einen Punkt $b(C)$ auf L übernommen, dessen Koordinaten gleich $1/C$ sind. Mit wachsendem (fallendem) C bewegt sich $b(C)$ auf O zu (von O weg). Dabei drehen sich die Geraden durch P_j und $b(C)$ entsprechend, und damit ändern sich die zulässigen Sektoren. Nehmen wir jetzt den Fall, daß $b(C)$ der Punkt $(^5/_2, ^5/_2)$ ist (siehe Abb. X.3).

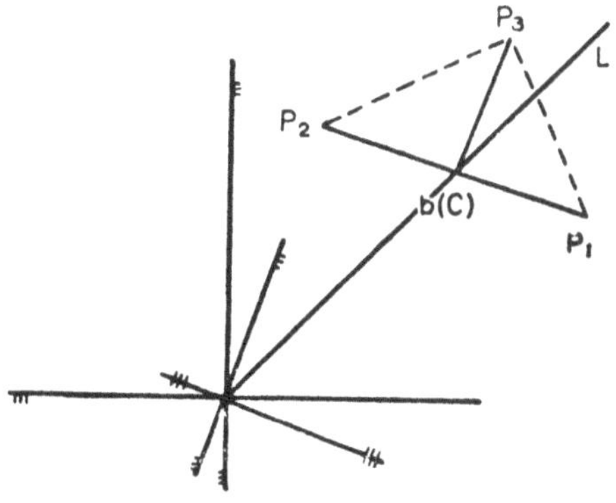

Abb. X.3

Das ist der Schnittpunkt zwischen L und der Geraden P_1P_2; es ist klar, daß jetzt die Parallele zu $P_1b(C)$, die gleichzeitig die Parallele zu $P_2b(C)$ ist, sich nicht weiter drehen darf. Sie fällt nicht in einen durch dritte Parallele verbotenen Sektor, und folglich ist sie genau die einzige übrigbleibende Gerade. Ihre Gleichung lautet $a_1 + 3\,a_2 = 0$. C ist gleich $^2/_5$, und wir bekommen $x_1 = {^1/_{10}}$ und $x_2 = {^3/_{10}}$. Es folgt, daß der Wert des Spieles $^5/_2$ beträgt, und die optimale gemischte Strategie für A ist $(^1/_4, ^3/_4)$, wie wir bereits wissen.

XI. Methode der Leitvariablen

1. Von E. M. Beale wurde eine Methode entwickelt, die sich von denen der früheren Kapitel unterscheidet [1]. Wir können hier nur das Wesentliche skizzieren und müssen den Leser für die Einzelheiten auf den Originaltext verweisen.

Ein System von m Gleichungen in n Variablen sei gegeben. Eine Linearform ist für nicht-negative Werte der Variablen zu minimalisieren. Wir lösen das System nach m Variablen auf, zum Beispiel nach $x_1, \ldots, x_m$ und erhalten:

$$x_j = z_{j0} + z_{j\,m+1} x_{m+1} + \cdots + z_{jn} x_n \qquad (j = 1, \ldots, m)$$
$$C = z_{00} + z_{0\,m+1} + \cdots + z_{0n} x_n$$

Diese Transformation ist möglich, wenn das System nicht widersprüchlich ist und damit überhaupt keine Lösung hat.

Selbstverständlich können wir noch nicht wissen, ob das System eine Lösung mit nicht-negativen x_j hat, auch können die Werte von C nach unten unbeschränkt sein.

Aber diese Möglichkeit kann ausgeschlossen werden, indem man noch eine Konstriktion mit einer weiteren Variablen einführt $1 = x_0 + \omega\,(x_{m+1} + \cdots + x_n)$. Dabei ist ω endlich und positiv. x_0 sei auch auf nicht-negative Werte beschränkt. Wenn das ursprüngliche System eine endliche Lösung hat, dann ist — hinreichend kleines ω vorausgesetzt — die Einführung dieser neuen Gleichung ohne Einfluß auf das Endergebnis, weil sie nämlich keinerlei zusätzliche Einschränkung für die Werte von $x_{m+1}, \ldots, x_n$ bedeutet. Wenn andererseits das ursprüngliche System nur eine unendliche Lösung besitzt, zeigt sich das daran, daß einige Veränderliche in der endgültigen Lösung die Größenordnung $1/\omega$ haben, und x_0 wird dann gleich null sein. Und wenn das ursprüngliche System keine Lösung hat, hat das neue System auch keine.

Wir haben jetzt Gleichungen mit je einer Variablen auf den linken Seiten und eine Gleichung mit einer 1 auf der linken Seite. Dieses Charakteristikum wird durch alle Rechnungen beibehalten. Wir werden die letztgenannte Gleichung die *Leitgleichung* nennen. Die in ihr auftretenden Variablen sollen *Leitvariable* heißen. Die Methode nennt sich deshalb die *Methode der Leitvariablen.*

Das Vorgehen läßt sich wie folgt beschreiben:

Wir nehmen an, daß anfangs nur die Leitvariablen nichtnegativ sein müssen. Dann ist es einfach, die Lösung zu finden, die C minimalisiert. Die Leitgleichung laute $1 = \sum_s t_s x_s$, und es sei $C = \sum_s T_s x_s$, wobei s über die $n - m + 1$ Leitvariablen zu erstrecken ist, und die t_s die Größe ω enthalten oder nicht.

Wenn kein t_s positiv ist, läßt sich die Leitgleichung nicht mit nicht-negativen x_s erfüllen: Das ganze System hat keine Lösung. Andernfalls können wir ein x_s so aussuchen, z. B. x_p, daß t_p positiv ist. Wir können die Leitgleichung dazu benutzen, diese Variable aus dem Ausdruck für C zu eliminieren. Man erhält dann

$$C = T_p/t_p + \sum_{s=0}^{n-m} (T_s - T_p t_s/t_p)\, x_s .$$

Wenn alle Ausdrücke in den Klammern der rechten Seite nicht-negativ sind, dann ergibt sich das Minimum von C für nicht-negative Leitvariable, wenn $x_p = 1/t_p$ und alle anderen $x_s = 0$. Selbstverständlich können einige t_s negativ oder gleich null sein. Aber zuerst versuchen wir dasjenige x_p zu bestimmen, das alle diejenigen Klammern nicht-negativ macht, in denen die t_s positiv sind. Zu diesem Zweck müssen wir p so auswählen, daß das Verhältnis T_p/t_p für positive t_s das kleinste aller T_s/t_s ist. Es läßt sich zeigen, daß schon beim ersten Schritt diese Bestimmung von p garantiert, daß auch alle anderen Klammern nicht-negativ sind. Dies ist so, weil erstens bei diesem Schritt C, dank der Einführung von ω, nicht negativ unendlich sein kann, und weil wir zweitens C negativ unendlich machen könnten, wenn einer der Ausdrücke in den Klammern negativ wäre, was zu einem Widerspruch führen würde. (Für Einzelheiten siehe [1]). Wir nennen x_p die *Hauptvariable.*

Bis jetzt haben wir die Nicht-Leitgleichungen vernachlässigt. Wir multiplizieren die in ihnen auftretenden Konstanten mit x_0, womit wir das Ausgangsproblem verändern. Das braucht uns nicht zu stören, denn es läßt sich zeigen, daß die Lösung des neuen Problems in die Lösung des Ausgangsproblems ohne große Schwierigkeiten übersetzt werden kann. Wir haben daher zu zeigen, wie man das neue Problem behandelt.

Man betrachte die Leitgleichung und den Ausdruck für C. Wenn die Hauptvariable x_p ist, setzen wir sie gleich $1/t_p$ und alle anderen Leitvariablen gleich null.

Dadurch wird C minimalisiert, sofern nur die Leitvariablen der Vorzeichenbeschränkung genügen.

Als nächstes stellen wir fest, ob diese Auswahl der Hauptvariablen zu nicht-negativen Werten für die Nicht-Leitvariablen führt. Das hängt davon ab, ob die Koeffizienten z_{jp} $(j = 1, \ldots, m)$ nicht-negativ sind. Sind sie es, haben wir unser Ziel erreicht. Und zwar mit den obigen Leitvariablen und Nicht-Leitvariablen $x_j = z_{jp}/t_p$.

Wenn aber einige Koeffizienten negativ sind, müssen wir ein neues System von Leitvariablen aussuchen, indem wir x_p nicht mehr benutzen und statt dessen eines von den x_j, z. B. x_r, auswählen, die das vorige Ergebnis durch ihre Negativität verdorben haben. Wir lösen die Gleichung mit x_r nach x_p auf und substituieren das Ergebnis in die anderen Gleichungen. In der Leitgleichung wird x_0 den Koeffizienten 1 bekommen, sofern es überhaupt auftritt, weil Vielfache von ω vernachlässigt werden können.

Wenn wir nach der Bestimmung der neuen Hauptvariablen unser Ziel noch nicht erreicht haben, muß das Verfahren der Änderung der Leitgleichung wiederholt werden. In [1] wird dargelegt, daß während dieser Prozedur der Wert von C nicht abnimmt, und daß der Prozeß zu einem Ende geführt werden kann. Das hängt von einem Kriterium für die Wahl der Hauptvariablen ab, ähnlich dem, wie es in der ε-Methode auftrat, um Variable im Falle von Mehrdeutigkeiten in der Simplex-Methode oder der Dual-Simplex-Methode auszutauschen.

Wenn C jedoch beim ersten Schritt nach unten nicht unbeschränkt ist und später nicht abnimmt, können wir bei jedem Schritt sicher sein, daß nach Eliminierung der Hauptvariablen aus der Leitgleichung und aus dem Ausdruck für C die letztere immer nicht-negative Koeffizienten haben wird. Sonst könnte man nämlich einen beliebig kleinen Wert von C mit nicht-negativen Leitvariablen erreichen und das würde der nicht abnehmenden Tendenz von C widersprechen.

Wir müssen uns jetzt der Frage zuwenden, wie man die Lösung unseres variierten Problems in die des Ausgangsproblems übersetzt. Der Wert von x_0 kann, bis auf Vielfache von ω, am Ende nur 0 oder 1 sein. Ist er gleich 1, sind beide Probleme identisch. Ist er hingegen gleich 0, muß man eine weitere Untersuchung durchführen, die hier nicht angegeben werden kann. Man kann jedoch sagen, daß diese Schwierigkeit nicht auftritt, wenn das Ausgangsproblem eine endliche Lösung besitzt. Es bedarf kaum der Erwähnung, daß die Methode der Leitvariablen durch triviale Modifikation auf den Fall abgestimmt werden kann, daß es eine Linearform zu maximalisieren gilt.

2. Die Methode der Leitvariablen ist unabhängig von der Dual-Simplex-Methode. Dennoch haben beide Methoden gewisse Ähnlichkeiten. Wir veranschaulichen das an einem Beispiel, das wir mit der Methode der Leitvariablen lösen. Die

geometrische Interpretation, die sich daraus ergibt, läßt vermuten, daß es immer möglich ist, beide Verfahren so durchzuführen, daß der Satz der Basisvariablen nach der Dual-Simplexmethode bei jedem Schritt gleich dem der Nicht-Leitvariablen und der Hauptvariablen in der Methode der Leitvariablen ist. Das läßt sich formal beweisen. Wir nehmen das Beispiel 2 aus Kapitel V, das wir in VII.4 und in VIII.7 wieder aufgegriffen haben.

Als Basis-Variable bieten sich x_3, x_4 und x_5 an. In der Dual-Simplex-Methode haben wir auch x_1 eingeführt. Im vorliegenden Fall fügen wir die Leitgleichung hinzu, die x_0, x_1 und x_2 enthält. Wir beginnen also mit

$$\begin{aligned} x_3 &= -2x_0 + 2x_1 - x_2 \\ x_4 &= 2x_0 - x_1 + 2x_2 \\ x_5 &= 5x_0 - x_1 - x_2 \\ 1 &= x_0 + \omega(x_1 + x_2) \\ C &= -x_1 + x_2. \end{aligned}$$

Die Hauptvariable ist x_1; sie ist gegen x_4 auszutauschen.

$$\begin{aligned} x_1 &= 2x_0 - x_4 + 2x_2 \\ x_3 &= 2x_0 - 2x_4 + 3x_2 \\ x_5 &= 3x_0 + x_4 - 3x_2 \\ 1 &= x_0 - \omega(x_4 + 3x_2) \\ C &= -2x_0 + x_4 - x_2. \end{aligned}$$

Die Hauptvariable ist x_2 und gegen x_5 auszutauschen.

$$\begin{aligned} x_2 &= x_0 + x_4/3 - x_5/3 \\ x_1 &= 4x_0 - x_4/3 - 2x_5/3 \\ x_3 &= 5x_0 - x_4 - x_5 \\ 1 &= x_0 - \omega x_5 \\ C &= -3x_0 + 2x_4/3 + x_5/3 \end{aligned}$$

Die Hauptvariable ist x_0 und damit haben wir das Schlußsystem erreicht. Es bringt die Lösung, nämlich

$$x_2 = 1, x_1 = 4, x_3 = 5, C = -3.$$

Es lohnt sich, noch einen Blick auf Abb. V.2 zu werfen und zu verfolgen, was wir getan haben. Die Gerade (O), die wir im Zusammenhang mit der Dual-Simplex-Methode gezeichnet haben, ist jetzt ohne Bedeutung. Die Gerade, die der Leitgleichung entspricht, ist mit (O') bezeichnet. Dabei haben wir angenommen, daß ω hinreichend klein ist, damit die neue Gerade außerhalb der Schnittpunkte der anderen verläuft. Es ist leicht zu zeigen, wie man die Methode der Leitvariablen oder die Dual-Simplex-Methode modifizieren müßte, so daß (O) und (O') zusammenfallen.

Unsere ersten Leitvariablen waren x_0, x_1 und x_2. Wir haben C unter dem Gesichtspunkt minimalisiert, daß diese Variablen nicht-negativ sein sollen. Das brachte uns zum Punkte e', der von allen Punkten des Dreiecks aus den Geraden (O'), (1) und (2) den kleinsten Wert von C erzeugt. Wir sind hier am weitesten von (1) entfernt, und daher ist x_1 dieHauptvariable. Ferner sind wir auf der falschen Seite von (4) und folglich ist x_4 zur Leitvariablen zu machen.

Unser nächster Punkt ist f', der von allen Punkten des „Dreiecks" (O'), (2) und (4) C am kleinsten werden läßt. Dieses Dreieck ist von den drei erwähnten Geraden begrenzt, liegt aber auf den unschraffierten Seiten dieser Geraden, ist also unbeschränkt. In f' sind wir am weitesten entfernt von (2). Folglich wird x_2 Hauptvariable.

Wir müssen uns gegen die rechte Seite von (5) bewegen, also wird x_5 Leitvariable. Das bringt uns schließlich nach c. Dieser Punkt gehört zu dem Dreieck (O'), (4) und (5) — auf der richtigen Seite aller Geraden — und zeigt an, daß x_0 die Hauptvariable ist.

Literatur

[1] *E. M. L. Beale*, An alternative method for linear programming. Proc. Camb. Phil. Soc. **50**, 513—523; 1954.

[2] *E. M. L. Beale*, Cycling in the dual simplex algorithm. Naval Research Logistics Quarterly, **2**, 269—275; 1955.

[3] *D. W. Blackett*, Some Blotto games. Naval Research Logistics Quarterly, **1**, 55—60; 1954.

[4] *David Blackwell and M. A. Girshik*, Theory of games and statistical decisions. New York and London, 1954.

[5] *É. Borel*, Sur les systèmes de formes linéaires à determinant symétrique gauche et la théorie générale du jeu. C. R. de l'Acad. des Sciences, **184**, 52—54; 1927.
In English: Three short papers on games theory that involve chance and the skill of the players. Translated by L. J. Savage. Econometrica, **20**, 97—117; 1953.

[6] *A. S. Cahn*, The warehouse problem. (Abstract.) Bull. Am. Math. Soc., **54**, 1073; 1948.

[7] *A. Charnes*, Optimality and degeneracy in linear programming. Econometrica, **20**, 160—170; 1952.

[7a] *A. Charnes and W. W. Cooper*, The stepping stone method of explaining linear programming calculations in transportation problems. Management Science, **1**, 49—89; 1954.

[8] *A. Charnes and W. W. Cooper*, Scheduling of manufactured product. (Abstract.) Econometrica, **21**, 480—481; 1953.

[9] *A. Charnes, W. W. Cooper and A. Henderson*, An introduction to linear programming. New York and London; 1953.

[10] *A. Charnes, W. W. Cooper and B. Mellon*, Blending aviation gasolines — a study in programming interdependent activities in an integrated oil company. Econometrica, **20**, 135—159; 1952.

[10a] *A. Charnes, W. W. Cooper and B. Mellon*, A model for programming and sensitivity analysis in an integrated oil company Econometrica, **22**, 193—217; 1954.

[11] *R. Dorfman*, Application of linear programming to the theory of the firm. Berkeley, 1951.

[12] *F. L. Hitchcock,* The distribution of a product from several sources to numerous localities. J. Math. and Phys., **20**, 224—230; 1941.

[12a] *R. Isaacs,* A card game with bluffing. Amer. Mathem. Monthly, **62**, 99—108; 1955.

[13] *I. Kaplansky,* A contribution to von Neumann's theory of games. Annals of Math., **46**, 474—479; 1945.

[14] *T. C. Koopmans,* Optimum utilization of the transportation system. Econometrica, **17** (Suppl.), 136—145; 1949.

[15] *T. C. Koopmans (edit.),* Activity analysis of production and allocation. Cowles Comm. for Res. in Econ. Monograph No. 13. New York and London, 1951.

[16] *H. W. Kuhn and A. W. Tucker (edit.),* Contributions to the theory of games. Ann. of Math. Studies No. 24. Princeton N. J., 1950.

[17] *H. W. Kuhn and A. W. Tucker (edit.),* Contributions to the theory of games. II. Ann. of Math. Studies No. 28. Princeton N. J., 1953.

[18] *C. E. Lemke,* The dual method of solving the linear programming problem. Naval Research Logistics Quarterly, 1, 36—47; 1954.

[19] *G. Morton,* Notes on linear programming. Economica, 18, 397—411; 1951.

[20] *J. C. C. McKinsey,* Introduction to the theory of games. New York, Toronto and London, 1952.

[21] *J. Nash,* Non-cooperative games. Annals of Math. **54**, 286—295; 1951.

[22] *J. von Neumann,* Zur Theorie der Gesellschaftsspiele. Math. Annalen, **100**, 295—320; 1928.

[23] *J. von Neumann,* Über ein ökonomisches Gleichungssystem und eine Verallgemeinerung des Brouwerschen Fixpunktsatzes. Ergebnisse eines mathematischen Kolloquiums, 8, 73—831; 937.

[24] *J. von Neumann and O. Morgenstern,* Theory of games and economic behaviour. Princeton N. J., 1944 (2nd ed. 1947). Deutsche Ausgabe: Spieltheorie und wirtschaftliches Verhalten. Würzburg, 1961.

[25] *G. J. Stigler,* The cost of subsistence. J. of Farm Econ., 27, 303—314; 1945.

[26] *S. Vajda,* Theory of games. Science News, 28, 29—40; 1953.

[27] *J. Ville,* Note sur la théorie générale des jeux où intervient l'habilité des joueurs.

Traité du calcul des probabilités et de ses applications, ed. É. Borel. Tome IV, fasc. II., 105—113. Paris, 1938.

[28] *J. D. Williams*, The compleat strategyst. New York, 1954.

[29] Conference on linear programming, May 1954. (Papers by S. Vajda, A. Land, G. Morton, J. A. C. Brown, E. M. L. Beale, and D. Prinz.) London, 1955.

[30] Symposium on linear programming. (Papers by S. Vajda, E. M. L. Beale, and G. Morton and A. H. Land.) J. Roy. Statist. Soc. B, **17**, 165—203; 1955.

[31] Proceedings of the Second Symposium in linear programming, Vols I, II. Washington D. C. 1955.

Eine Reihe von Arbeiten ist nur für privaten Umlauf bestimmt und nicht im Buchhandel zu haben. Jedoch sind viele derartige Arbeiten Vorläufer von späteren Veröffentlichungen.

Verzeichnis der Definitionen

Behandelte Spiele

	Wert	Lösung für A	Lösung für B	
(2×2)-Spiele				
Pfennigwette				
$\begin{pmatrix} 1 & -1 \\ -1 & 1 \end{pmatrix}$	0	$(\frac{1}{2}, \frac{1}{2})$	$(\frac{1}{2}, \frac{1}{2})$	8
Spiel mit Bluff				
$\begin{pmatrix} 1/2 & 0 \\ 0 & 1 \end{pmatrix}$	$1/3$	$(2/3, 1/3)$	$(2/3, 1/3)$	10, 18
$\begin{pmatrix} 1 & 2 \\ 1 & 3 \end{pmatrix}$	1	(0, 1), (1, 0)	(1, 0)	20

(2×3)-*Spiele*

				Seite
$\begin{pmatrix} 1 & 2 & 4 \\ 4 & 2 & 1 \end{pmatrix}$	1	$(^2/_3, ^1/_3), (^1/_3, ^2/_3)$	(0, 1, 0)	18
$\begin{pmatrix} 4 & 1 & 3 \\ 2 & 3 & 4 \end{pmatrix}$	$^5/_2$	$(^1/_4, ^3/_4)$	$(\frac{1}{2}, \frac{1}{2}, 0)$	19, 20, 24, 56, 109, 113, 116
$\begin{pmatrix} 2 & 5 & 3 \\ 1 & 3 & 4 \end{pmatrix}$	2	(1, 0)	(1, 0, 0)	26
$\begin{pmatrix} 3 & 4 & 5 \\ 2 & 1 & 3 \end{pmatrix}$	3	(1, 0)	(1, 0, 0)	26

(3×3)-*Spiele*

$\begin{pmatrix} 2 & -1 & -2 \\ 1 & 0 & 1 \\ -2 & -1 & 2 \end{pmatrix}$	0	(0, 1, 0)	(0, 1, 0)	13
$\begin{pmatrix} -1 & 1 & 1 \\ 2 & -2 & 2 \\ 3 & 3 & -3 \end{pmatrix}$	$^6/_{11}$	$(^6/_{11}, ^3/_{11}, ^2/_{11})$	$(^5/_{22}, ^4/_{11}, ^9/_{22})$	16, 106

Behandelte lineare Programme

	Lösung	Seite
Beispiel 1:	$x_1 = 4$ $x_2 = 1$ $x_3 = 9$ $C = -3$	49, 54, 69
Beispiel 1, aber x_5 mit umgekehrtem Vorzeichen	keine endliche Lösung	80
Beispiel 2:	$x_1 = 4$ $x_2 = 1$ $x_3 = 5$ $C = -3$	56, 76, 101, 122
Beispiel 3:	keine Lösung	57, 80
Beispiel 4:	$x_1 = 2$ $x_5 = 3$ $C = -2$	58, 82, 85

		Seite
Beispiel 5:	$x_1 = 2$ oder $3\frac{1}{2}$	59, 88
	$x_2 = 0$ oder $1\frac{1}{2}$	
	$x_3 = 6$ oder $7\frac{1}{2}$	
	$x_5 = 3$ oder 0	
	$x_6 = 0$ oder 0	
	$C = -2$	
Beispiel dual zu Beispiel 2:	$y_4 = {}^2/_3$	99
	$y_5 = {}^1/_3$	
	$B = -3$	

Verschiedene Probleme sind auf S. 43 ff. erwähnt, insbesondere ist das Transportproblem auf S. 43, S. 53, S. 75 und S. 88 erwähnt.

MIX
Papier | Fördert gute Waldnutzung
FSC® C083411

Zeitfracht Medien GmbH
Ferdinand-Jühlke-Straße 7
99095 Erfurt, Deutschland
produktsicherheit@kolibri360.de